걷다보니
남미였어

생에 단 한 번일지 모를 나의 남아메리카

걷다보니
남미였어

김동우 지음

지식
공간

그런 건 중요치 않아,
이렇게 바람이 불잖아

'반도네온'(Bandoneón)의 독특한 음색이 공기를 떠다닌다.

적당한 비트의 '리베르땅고'(LiberTango).

반도네온에 양손을 끼고

공기를 불어 넣으며

버튼을 누르는 길고 흰 손가락.

재빠르고 익숙한 손놀림은

낯선 악기의 어색함을 금세 편안함으로 바꿔주었다.

악기들의 하모니가 바람을 타고 은은하게 골목을 돌아 나간다.

어느새 반도네온 선율에 마음을 뺏긴다.

걸어온 길들이 다시 살아난다.

걸어야 할 길을 그려 본다.

고백하건대 처음부터 세계 일주를 꿈꾼 건 아니었다.

허전함이었다.

또 불안감이었다.

삶에서 무엇을 잃어버렸는지조차 알 수 없었다.

그때였을까.

'행복'을 생각했다.

회사를 나와 오후 햇살을 즐겼다.

자유는 새 신발처럼 어색했고
바람은 낙엽같이 푹신했다.
길은 어디에나 있었다.

여행은 창밖으로 스쳐가는 장면 하나하나를 설렘으로 바꿔주었다.
뺨을 스치는 서늘한 공기조차 내겐 익숙한 과거의 것이 아니었다.
오감은 어린아이처럼 푸르렀고
세상을 향해 열려 있었다.
몸을 비비는 나뭇잎이 세상에 쏟아내는 속삭임이 들릴 것 같았고
떠도는 바람이 주머니 안에 들어와 있을 것만 같았다.

끌림의 목적지로 다가선다.

거기엔 언제나 나를 반기는 새로운 풍경과 따뜻한 얼굴이 있었다.

부에노스아이레스의 이름 모를 골목이 그랬고,

파타고니아의 바람 부는 고샅길이 그랬다.

그러다 마주친 친구들과의 만남은 우연치고는 너무 근사했다.

여행은 낯선 공간과 새로운 만남으로 통하는 문이다.

여행에서 시간은 옷깃을 파고드는 수줍은 바람처럼

늘 색다른 표정으로 다가왔다.

때론 왈츠처럼

때론 플라멩코처럼.

그 알 수 없는 변화는 잃어버린 여유를 되찾게 해주었다.

구름에 가렸던 하늘이 환히 열리는 걸 지켜볼 만큼.

월요일에서 도망친 난 부자였다.

최소한 시간에 대해선.

세상을 다르게 본다는 건,

조금 더 천천히 걷고

조금 더 천천히 시선을 옮기는 일이다.

'느림'은 시간의 다른 얼굴을 볼 수 있는 마법이다.

마법을 부리면 풍경 안에 살며시 스며들 수 있다.

무엇이든 가만히 바라보기만 하면 된다.

그럼 진짜 모습이 보이고, 진짜 이야기가 들린다.

걷기는 세상의 아름다움을 온몸으로 받아 내는 일이다.

길 위의 흐느적거림은 게으름이 아니다.

거기서 나누는 나와의 대화는 위선도 위악도 없다.

몰랐던 내가 보이고, 찾고 있던 답을 얻는다.

걸을 때 세상은 시(詩)가 된다.

내가 걸어 마주한 세상은 그랬다.

우린 행복해야 한다.

삶의 아주 단순한 명제다.

이 간단한 한마디를 위한 몸부림은 실로 눈물겹다.

내가 눈을 질끈 감고 용기를 낼 수 있었던 건,

일상의 무너진 균형을 더는 지탱할 수 없었기 때문이다.

나는 도심을 빠져나가는 하행선 위에서 가장 즐거웠다.

당신이 행복했으면 좋겠다.

청계천을 걷고 있을 때다.
한 자락 바람이 귓가를 스쳤다.

"그런 건 중요치 않아, 이렇게 바람이 불잖아."

· 목차 ·

여행의 서곡

최고의 도시에서 한 달

블랙홀, 부에노스아이레스

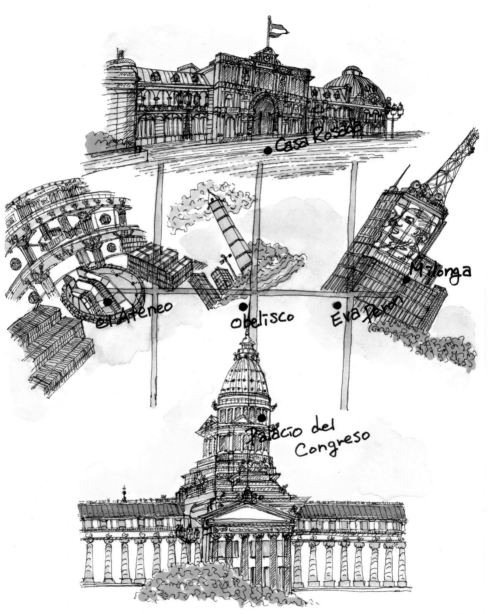

Casa Rosada

El Ateneo

Obelisco

Eva Peron

Malonga

Palacio del Congreso

그대로부터
가장 먼 곳

케냐 나이로비 공항. 엔진이 점화됐다. 미세한 진동이 등골을 타고 올랐다. 어느새 비행기에 가속이 붙었다. 기체가 궤도에 오르자 좌석은 요람처럼 안락했다. 맥이 풀렸다. 아프리카 여행에선 한 번도 긴장을 풀지 못했는데 노곤함이 찾아왔다. 설핏 눈꺼풀이 감겼다. 그 사이 비행기는 세계일주 1막의 정점이었던 킬리만자로를 뒤로하고 대서양의 검은 밤을 날고 있었다.

아프리카에서 남미로 가는 대륙 간 이동은 간단치 않았다. 탄자니아 모시를 출발해 케냐 나이로비를 거쳐 비행기를 타고 기착지에 도착하기까지 총 40시간의 이동이었다. 비행 중 4번의 기내식을 먹었다. 에미레이트 항공 기내식은 흠잡을 데 없이 훌륭했다. 하지만 마지막 식사에는 거의 손도 대지 못했다.

비행기가 몸을 웅크리며 서서히 고도를 낮췄다. 승무원이 착륙을 준비했고, 기체가 한두 차례 기우뚱했다. 작은 창문 너머로 '좋은 공기'란 뜻의 부에노스 아이레스와 라플라타 강이 들불처럼 타올랐다. 눈 시리도록 아름다운 석양이었다. 태양이 노을 아래 있는 검은 무덤 속으로 스며들고 있었다.

　해발고도 0m 땅이 잘 다져놓은 넓은 신작로처럼 지평선까지 펼쳐져 있었다. 인간이 만들어 놓은 건물만이 마치 신전에 바친 꽃다발처럼 광활한 대지 위를 수놓았다. 비행기도 석양과 함께 그렇게 몸을 낮췄다.

　'쿵~우~웅'

　부에노스아이레스 국제공항. 한국과는 정확히 12시간의 시차. 입국심사관은 기계적으로 "며칠 머물 거냐?"란 질문을 던지고 3개월짜리 무비자 도장을 찍어주었다. OUT 항공권이 있느냐, 따위의 당황스러운 질문도 의심스런 눈초리도 없었다. 입국장을 빠져나오자 과거엔 전혀 경험하지 못한 색다른 분위기가 공항 내부를 채우고 있었다. 축구 선수 메시의 사촌뻘로 보이는 메스티소(Mestizo, 중남미 인디오와 스페인계 백인 혼혈)가 내 옆을 스쳐 지나갔다. 빨간 립스틱을 짙게 바른 금발 여인이 그를 보고 손을 흔들었다. 그리고 진한 키스가 이어졌다. 매번 낯선 땅에 뚝 떨어져 어떻게 숙소를 찾아갈지 먼저 생각하는 뚜벅이 배낭여행자에겐 무척이나 비현실적 장면이었다.

　부러운 눈을 거두고 내가 찾아간 곳은 지극히 현실적인 환전소. 100달러를 주고 400페소 좀 안 되는 돈을 손에 쥐었다. 리무진 버스 티켓을 끊고 정류장으로 갔다. 버스가 기다리고 있었다. 기사는 강한 된소리로 스페인어를 난사했다. 웃음이 나왔다. 막무가내로 퍼붓는 뜻 모를 말을 귓등으로 넘기고 제복 기사의 손짓을 눈으로 쫓았다. 배낭을 벗어 트렁크에 실었다. 그리곤 제조사와 승객만 다른, 여느 여행지에서나 흔한 버스에 올라 등받이 깊숙이 몸을 묻었다.

　버스가 고속도로를 달리다 도심으로 들어섰다. 부에노스아이레스 야경은 휘핑크림을 듬뿍 올린 카페모카 같았다. 차가운 공기가 전해주는 촉감은 한국

늦가을처럼 고즈넉했고, 고풍스러운 건물에서 흘러나오는 불빛은 따스했다. 한산한 거리 어디쯤에서 감미로운 바이올린 선율이 흐르고 있을 것 같았다. 밤거리처럼 짙은 빛깔의 와인과 땅고(우리가 흔히 '탱고'라고 발음하는 말을 현지에서는 '땅고'라고 발음한다.)가 있는 나라 아르헨티나는 그렇게 잔잔하게 나를 반겼다.

나 같은 '도시 불감증' 여행자에게 부에노스아이레스는 여행의 변주였다. 지나온 길과는 전혀 다른 패턴이었다. 방향을 알 수 없는 숲을 헤매다 '스머프 마을'을 만난 것 같았다. 거기엔 파파 스머프도, 투덜이 스머프도, 화가 스머프도, 금발 스머페트도 있었다. 개성 강한 스머프와의 생활은 즐거웠고, 그들의 생활 패턴에 동화돼 마을 밖 세상은 점점 머릿속에서 사라졌다. 마을을 벗어나는 순간 가가멜과 아즈라엘에게 잡아먹힐 것 같은 공포감이 내 마음속을 조금씩 채워갔다.

여행 동기는 점점 사라졌고, 일상의 동력만 차올랐다. 그만큼 '남미의 파리' 부에노스아이레스는 관능적 매력을 발산했다. 퇴근길에서 한눈에 반한 이성을 훔쳐볼 때만큼이나 내겐 치명적인 도시였다.

4개월 전 인천공항을 떠날 때만 해도 날 단숨에 굴복시킬 수 있는 도시가 지구상에 존재한다는 건 전혀 상상할 수 없는 일이었다. 그곳은 집에서 가장 먼 곳, 지구 반대편에 있었다.

이상한
나라

당장 도심행 리무진버스를 타려면 아르헨티나 페소가 필요했다. 공항에서 미화 100달러를 주고 350페소를 받았다. 리무진버스 요금은 우리 돈 1만 원이 조금 넘었다. 버스에 올라 아무리 계산을 해봐도 이 정도 환율이면 아르헨티나는 내가 있을 곳이 못 되는 나라였다.

숙소에 도착해 상황을 파악해보니 아르헨티나는 암환전시장이 엄청나게 발달한 나라였다. 절대 환전하지 말아야 할 곳 중 하나가 공항이었고, 은행에서 돈을 찾는 것도 금기 중 하나다. 은행에서 국제 현금카드로 돈을 찾으면 당시 환율로 1달러당 4.5페소밖에 못 받았다. 부에노스아이레스 다운타운 이곳저곳에서 "Cambio(깜비오, 환전)!"라고 외치는 환전상을 따라가면 당시 환율로 100달러에 620페소를 받을 수 있는 것과 엄청난 차이였다.

내 눈에 아르헨티나가 이상하게 보였던 건 이뿐이 아니다. 1998년 한국에 IMF(국제통화기금) 경제 위기가 밀어닥쳤을 때 국민 모두가 국가부도란 엄청난 충격에 휩싸였다. 금 모으기 운동은 이런 사회적 분위기를 잘 반영한 예다.

반면 아르헨티나는 지금까지 IMF에 손을 벌린 일이 수차례다. 심지어 지급 유예를 선언한 적도 있다. 그러나 아르헨티나 국민은 IMF에 대해 크게 의미를 두지 않는 분위기다. 현재도 아르헨티나 경제는 누더기를 입고 있지만 국민과 정부의 태도는 크게 달라진 게 없어 보인다.

아르헨티나는 20세기 초까지 세계에서 손꼽히는 강대국이었다. 소고기 수출로 막대한 부를 축적하며 프랑스·독일과 비슷한 수준으로 국력을 끌어올렸다. 이탈리아·스페인보다도 훨씬 잘 살았다. 한때는 경제 순위 10위에 오른 적도 있다. 만화영화 '엄마 찾아 삼만리'에서 마르코(주인공)의 엄마가 아르헨티나로 떠나는 장면은 당시 상황을 잘 보여 준다.

건설 당시 세계에서 가장 큰 도로(왕복 16차선, 폭 144m)였다는 '7월 9일 거리'(Avenida 9 de Julio, 7월 9일은 아르헨티나 독립기념일이다.)에서 찬란했던 아르헨티나의 과거를 읽어 내는 건 그리 어려운 일이 아니다. 이 길에는 에바 페론의 대형 상징물과 부에노스아이레스 건립 400주년을 기념해 1936년 세워진 높이 72m의 오벨리스꼬(Obelisco)가 자리하고 있다. 7월 9일 거리를 가만히 보고 있으면 남미의 파리로 불리던 시절, 부에노스아이레스가 얼마나 화려한 도시였는지 짐작된다.

그때만 해도 아르헨티나는 비옥한 토지를 앞세워 농업에서 엄청난 부를 축적했고, 현재도 인구보다 소가 2배나 많다. 아르헨티나에선 소를 대부분 자연 방목 한다. 그래서 육질이 부드럽고 맛이 좋기로 유명하다. 사정이 이렇다 보니 한국 사람이 즐겨 먹는 해산물 시장은 초라하기 짝이 없다.

에너지 분야에선 산유국이면서 천연가스 생산량이 남미 전체 1위를 차지하고 있다. 한마디로 자급자족할 수 있는 축복받은 나라란 이야기다. 아르헨티

나가 보호무역을 고집하는 이유도 이런 환경적 요인에 기인한다.

아르헨티나는 또 무상의료정책을 펼치고 있는 나라다. 문제는 그 대상이 국민뿐 아니라 나 같은 여행자에게도 해당된다는 사실. 이런 정책은 인근 국가의 사람들이 병을 안고 아르헨티나 국경을 넘는 원인이기도 하다. 하지만 의료체계는 비효율성을 면치 못하고 있는데 병원에서 한 달 있다 다시 오란 소리를 듣기 일쑤다. 우리 사고로는 전혀 이해가 되지 않는 말이다. 물론 돈을 들여 특별 진료를 받기도 한다.

또 아르헨티나는 마라도나와 메시의 고향으로, 축구 열기는 가히 광적이다. 재미있는 사례가 하나 있다. 프랑스 기업 까르푸에서 재정난에 허덕이는 축구 구단의 축구장을 사들였다. 그 자리에 대형 마트를 건설하려는 계획이었다. 그랬더니 성난 축구팬들이 축구장을 돌려 달라며 시위를 벌이기 시작했다. 아르헨티나 정부는 어떤 결론을 내렸을까? 놀랍게도 축구팬들에게 구장을 돌려주라는 명령을 내렸다고 한다. 처음 이 말을 듣고는 도저히 믿을 수 없어 경악을 금치 못했지만, 현지 축구 열기를 고려하면 불가능한 것도 아니다. 여기선 축구가 종교다. 이처럼 보면 볼수록 신기해지는 나라가 아르헨티나다.

부에노스아이레스
'먹방'

게스트하우스 '남미사랑'에 여장을 풀었다. 그리곤 잠으로 이틀을 보냈다. 배가 고프지도 않았고, 보고 싶은 것도 없었다. 해가 중천에 걸렸지만 이불을 둘둘 말고 게으름을 피웠다. 해질녘에는 벗어둔 빨랫감처럼 아무렇게나 널브러졌다. 온종일 부에노스아이레스 구석구석을 구경하고 온 다른 여행자들이 이런 날 이상한 눈초리로 쳐다봤다.

부에노스아이레스 도착 3일째. 무덤 같은 침대에서 간신히 몸을 일으켰다. 억지로라도 사람들과 어울리지 않으면 영영 장기여행의 몸살에서 벗어나지 못할 것 같았다. 여행 출발 전 74킬로그램이던 몸무게는 67킬로그램까지 빠져 있었다. 뭐든 먹어야 했다. 달달한 부에노스아이레스의 볼거리를 젖혀두고 처음으로 찾은 곳은 숙소에서 그리 멀지 않은 까르푸. 일단 귀에 익숙한 대형 마트가 있다는 것만으로 반가웠다.

아르헨티나는 사람보다 소가 더 많이 사는 나라다. 과거에는 인구의 4배에 달하는 소가 드넓은 초원을 채우고 있었고, 지금도 국민 1인당 2마리의 소가 풀밭을 어슬렁거린다. 까르푸에서 제일 먼저 살펴볼 곳은 당연히 고기 코너였다.

"뜨아~악!"

가격표는 짝사랑에게 이성친구가 생겼다는 뉴스만큼 충격적이고 도발적이었다. 꽃등심 600그램이 우리 돈 만 원이 채 안됐다. 랩에 잘 싸인 고기가 순간 돼지고기가 아닐까 의심했지만, 멋쟁이 아가씨의 붉은 매니큐어처럼 영롱한 선홍빛은 분명 소의 살점이었다.

그런데 이상한 것이 하나 더 있었다. 스페인어로 소고기 부위를 적은 쪽지를 준비해 갔는데 아무리 봐도 평소 내가 보던 꽃등심이 아니었다. 으레 꽃등심은 마블링이 잔뜩 끼어 있지 않나. 마블링이 많을수록 품질 좋은 소고기로 평가받는데, 이건 마블링의 '마' 자도 찾아볼 수 없는 민자 꽃등심이었다. 삼겹살에 비계가 없는 거나 마찬가지였다.

일단 장바구니에 고기를 주워 담긴 했지만, 좀처럼 의심이 풀리지 않았다. 나중에 안 사실이지만 아르헨티나에선 소를 방목하기 때문에 마블링이 생길 틈이 없다고 한다. 마블링은 축사에서 가둬 키운 소에서 만들어진다.

그런데 이게 다가 아니었다. 곧이어 또 한 번 눈이 휘둥그레졌다. 수십, 수백 가지 와인이 붉은 미소로 손님을 유혹하는 광경과 마주한 것. 마치 교태를 부리는 것 같은 모습으로 내 눈길을 사로잡아 버린 와인 한 병을 집어 가격을 확인했다.

"헉! 뭐야 이거!" 아르헨티나를 대표하는 품종 말벡(Malbec) 한 병이 우리 돈 2,000~3,000원. 비싸야 만 원 돈. 가격별로 총 3병을 장바구니에 담았다. 이 순간 여친 앞에서 폼 좀 잡겠다고 와인을 주문하고 3개월 할부로 결제할지 말

지 고민하는 한국의 거지 같은 현실은 내 사정이 아니었다. 쌀알 넘기듯 소고기를 먹는 나라에선 당연히 레드와인이 필요했을 거다. 이 얼마나 환상궁합이란 말인가. 아르헨티나는 소고기 말고도 와인으로 대표되는 나라다. 한국엔 칠레 와인이 많이 알려져 있지만, 남미 와인의 갑은 아르헨티나다!

자, 자, 잠깐, 잠깐. 소고기와 와인으로 끝이 아니다. 부에노스아이레스에 왔다면 아이스크림을 꼭 맛봐야 한다.

'5월 광장' 근처에 있는 수제 아이스크림 집에서 카사 로사다(Casa Rosada)와 비슷한 색의 딸기 아이스크림을 주문했다('분홍빛 저택'이란 뜻의 카사 로사다는 1873년 착공돼 94년간 건설됐으며 지금까지도 아르헨티나 대통령의 직무실로 쓰이고 있다. 1946년 6월 4일 페론 대통령 취임식 날 발코니에서 영부인 에바 페론의 공식 첫 연설이 있었던 역사적 장소이기도 하다.).

"뭐지, 이 레알 딸기 맛은!" 이탈리아 본젤라또와 쌍벽이라 해도 과언이 아닌 맛이 단박에 까다로운 내 혀를 늘어지게 만들었다. 먹고 또 먹어도 자꾸만 혀를 날름거리게 만드는 수제 아이스크림의 정수! 한국에서 먹던 미국식 아이스크림과는 태생부터 달랐다. 바나나 맛 아이스크림은 진짜 바나나를 베어 무는 듯한 환상을 불러일으켰고, 딸기 맛은 딸기밭을 거니는 듯한 착각에 빠지게 했다.

내가 아르헨티나 아이스크림을 이토록 극찬하는 데는 다 이유가 있다. 아르헨티나는 이민자의 나라다. 특히 이탈리아 이민자가 많아 자연스럽게 아이스크림 비전(祕典)이 전해질 수밖에 없었으니 본토의 맛이 떠오르는 건 당연했다. 이탈리아 로마에서 본젤라또 아이스크림을 먹어본 여행자들은 그 맛의 중독성을 잘 알고 있을 거다.

이처럼 부에노스아이레스 길거리 곳곳엔 수제 아이스크림 가게들이 즐비한데 그중에서도 프레도(Freddo)는 단연 으뜸이다. 쇼케이스 안 형형색색 아이스크림을 보고 있는 것만으로 그 진하고 상큼한 맛이 전해지는 것 같다.

부에노스아이레스엔 뷔페식 중국식당도 많다. 집마다 맛의 차이는 있지만 한 끼에 우리 돈 3,000~4,000원이면 다양한 남미식 중국음식을 맛볼 수 있다. 이 식당은 대부분 무게로 값을 매기기 때문에 음식과 돈을 낭비하는 일도 적다.

특히 다양한 고기 요리를 맛볼 수 있으니 부에노스아이레스를 방문했다면 꼭 뷔페식 식당에 가보길 바란다. 엄청나게 많은 요리 앞에 그만 탄성을 내지르며 무슨 음식을 담아야 할지 고민에 빠지게 될 거다.

부에노스아이레스엔 한인들이 모여 사는 '백구촌'이란 흥미로운 동네가 있다. 과거 이곳이 109번 버스 종점이었다고 한다.

백구촌에 관심을 가진 건 철없는 혀 때문이었다. 한식을 향한 식탐은 해외여행에서 가장 참기 힘든 욕구였다. 세계화되지 못한 혀는 정말 거추장스러운 존재였다. 이건 세계 일주자로서 치명적 약점이었다. 주머니에 들어 있는 송곳처럼 사정없이 내 지갑에 구멍을 내는 최대 적이기도 했다. 그걸 알면서도 지구 반대편에서 고향의 맛을 느낄 수 있는 곳이 있다는 건 큰 축복이었다.

심신이 고달픈 여행자들이여 백구촌으로 가라! 백구촌에선 라면부터 짜파게티까지 MSG가 범벅돼 있는 인스턴트식품을 마음껏 장바구니에 담을 수 있다. 어디 그뿐인가. 빵가게부터 심지어 횟집까지… 긴 여행길에서 밤마다 머릿속으로 그려본 거의 모든 음식이 이곳에선 현실이 된다. 식료품점에서 갈비양념을 사다 질 좋은 아르헨티나 소고기와 믹스하면 이건 한국에서 먹던 영락없는 소갈비찜이 된다. 고행 길에 몸이 아프다면 근처 한인병원을 찾아 증상을 모국어로 자세히 이야기하고 치료를 받자. 난 이곳 한의원에서 침을 맞았다. 종교가 고픈 여행자에겐 한인 성당과 교회가 기다리고 있으니 고국의 예배 그대로 종교생활까지 누릴 수 있다.

남미의
소스 사용법

일요일 아침. 여행자의 숙명처럼 그날이 왔다.

며칠 전 신세를 진 한국인 수녀님에게 인사도 드릴 겸, 미사를 보기 위해 길을 나섰다. 수녀님은 길거리에서 길을 묻는 내게 밥 한 끼 사먹으라며 용돈을 주셨다. 남루한 행색은 여행 중 이런 행운을 물어다 주기도 했다.

성당 가는 길엔 숙소에 같이 머물고 있던 유학생 준수가 동행했다. 지하철을 타기 위해 대통령궁 근처를 걷고 있을 때였다.

"헤이!"

누군가 우릴 부르는 소리가 들렸다. 돌아보니 볼리비아인처럼 보이는 중년 부부가 우리를 향해 서 있었다. 순간 준수의 눈이 세숫대야만큼 커졌다.

"형, 제 등에 이게 뭐예요?" 준수가 등을 봐달라며 뒤돌아섰다.

"윽! 그러게, 이게 뭐냐?"

숙소를 나설 때만 해도 '녀석, 유학생이라 그런지 옷차림도 구색을 잘 갖췄네.' 하고 부러움을 샀던 단정한 옷에 토악질을 연상시키는 초록색 물감 같은 게 잔뜩 묻어 있었다. 준수가 재킷을 벗으며 말했다.

"형 등에도 묻었어요."

"머어엇!"

부랴부랴 옷을 벗어 보니 초록색 새똥 같은 게 군데군데 묻어 있었다. 바지에도 파편이 튀어 있었다. 냄새를 맡아보니 다행히 똥은 아닌 듯했다. 겨자 소스 같았지만 색은 고추냉이에 가까웠다.

중년 부부는 손가락으로 건물 위를 가리켰다. 누군가 옥상에서 정체불명의 소스를 뿌렸다는 뜻 같았다. 그 사이 중년 부부는 걱정과 배려가 버무려진 인자한 표정으로 엉너리치며 우리 쪽으로 다가오기 시작했다. 도움을 주려는 것 같았지만 중국, 중동, 아프리카를 거쳐 온 이번 여행의 내공은 그리 호락호락한 게 아니었다. 직감적으로 그들이 의심스러웠다. 내 경험상 어디서나 사기꾼들은 웃고 있다.

"저 사람들이 그런 거지?"

"그런 것 같아요." 준수 역시 고개를 끄덕였다.

"이런 게맛살 같은!"

남미의 고전적 소매치기 수법 중 하나인 일명 삐라냐(Piraña, 이가 날카로운 남미 산 민물고기)식 테러였다. 소스를 뿌린 건 그들이 분명했다. 안 봐도 블랙박스였다. 소스가 묻은 옷을 친절하게 닦아주는 척 다가와서는 당황한 여행자의 소지품을 슬쩍하는 소매치기 일당이었다.

여행자 사이에서 회자되는 사기 수법의 피해자가 되고 보니, 결코 남미 여행도 쉽지만은 않을 것 같았다. 이집트의 황당무계한 사기 행각이나 두바이에서 소매치기당할 뻔한 일은 귀엽기나 했다. 요르단~이집트~에티오피아로

이어지는 여정 중 이런 식의 테러는 단 한 번도 없었다. 대부분의 사기는 정신 바짝 차리고 속지만 않으면 되는 것들이었다. 그런데 아르헨티나는 '더티'하기까지 했다. 외출을 이렇게 망쳐놨으니 다음 일정이 죄다 틀어지는 건 어쩔 수 없었다. 소스 냄새를 풀풀 풍기며 미사를 드릴 순 없었다.

냄새만큼 진한 화가 부걱부걱 치밀었다. 우린 모걸음질하며 그들과 거리를 벌렸다. 홧김에 따지고 들었다가는 무슨 봉변을 더 당할지 몰랐다. 아예 대 놓고 가방끈을 끊고 통째로 들고 뛸지 모를 일이었다. 미련 없이 뒤돌아서는 게 최선이었다.

천사의 탈을 쓴 소매치기들도 더는 우리를 따라오지 않았다. 준수와 나는 흥분을 가라앉히지 못하고 씩씩거리며 숙소로 돌아왔다. 부에노스아이레스 골목에 '게맛살'과 '된장'을 열심히 내뱉으며…. 난 그렇게 남미의 첫 번째 여행지 부에노스아이레스를 알아 갔다.

부에노스아이레스 대표 사기수법

한번은 소스 테러를 당하고 돌아서 보니 어깨에 메고 있던 카메라가 감쪽같이 사라졌다는 사람을 만났다. 이번 에피소드에 등장한 준수가 지하철에서 휴대폰 소매치기와 설전을 벌인 적도 있었다.

또 부에노스아이레스에서 조심해야 할 것 중 하나가 길거리 환전이다. 환전 사기는 보통 위조지폐를 중간에 끼워 넣는 수법을 많이 쓴다. 부에노스아이레스에선 공식 환율보다 암달러 환율이 더 높아 달러를 바꾸는 일이 흔하다. 이때 길거리에서 직접 환전하는 건 삼가야 한다. 길거리에서 호객하는 암달러상이라도 보통 손님을 점포로 데려가 환전하는 게 일반적이다.

이밖에도 여행자가 많이 당하는 게 택시 사기다. 택시에서 큰돈을 내면 잔돈에 위조지폐를 섞어 주는 건 많이 알려진 수법이다. 되도록 작은 돈으로 택시비를 계산하는 게 요령이다.

남미를 여행할 분은 언제 어디서나 내가 사기와 절도의 대상이 될 수 있다는 걸 명심하길 바란다. 남미에 도착하는 순간 이건 절대 남 이야기가 아니다.

로또급 행운

●

세종문화회관이나 예술의 전당에서 막을 올리는 괜찮은 공연의 R석 정도면 20만 원은 기본으로 줘야 한다. 여기다 파트너 표까지 구매하는 날이면 '어쩔 수 없이 3개월 할부, 아님 6개월….' 파들파들 떨며 결제 버튼을 클릭하던 이런 소심한 내게 엄청난 티켓이 생기는데….

게스트하우스 투숙객들이 식당에 모여 상기된 표정으로 술렁이고 있었다. 다들 눈을 치켜뜨고 "진짜!", "정말!", "어머!" 등의 감탄사를 연발했다. 뭔가 일이 있어도 엄청난 일이 있는 모양이었다.

모두를 흥분시킨 뉴스는 콜론극장에서 한국–아르헨티나 수교 50주년 기념 무료 축하 공연이 열린다는 소식이었다. 처음엔 무료란 소리에 '별 볼 일 있겠어?'란 생각이었다. 그런데 누군가의 입에서 튀어 나온 초청 인사의 이름 석 자는 충격과 흥분 그 자체였다.

두구둥~ 자! 놀라지들 마시라~ 세종문화회관, 예술의 전당과 비교할 수 없는 화려함의 극치 콜론극장의 무료 공연 출연자는 다름 아닌 대한민국이 낳은

세계적 성악가 조! 수! 미!

돈 주고 구경해야 하는 콜론극장에다가 조수미 목소리를 '꽁'으로! 이건 로또급 행운이나 마찬가지였다. 필요한 건 샐녘 잠을 떨치고 콜론극장에서 꽁표를 받아 오는 수고 정도. 조수미란 소리에 이미 마음은 만개한 벚꽃처럼 흐드러졌다.

콜론극장 내부는 명성대로였다. 단숨에 눈길을 사로잡은 고풍스럽고 화려한 장식에선 격조 높은 품격이 전해졌다. 관객의 표정은 사치스러운 화려함에 혼이 나간 듯 망연했다. 또 럭셔리한 극장만큼이나 사람들 옷차림도 하나같이 근사한 슈트 내지는 원피스로 격을 갖추고 있었다. 자연스레 초라한 내 몰골이 도드라질 수밖에 없었다.

'은은한 오렌지 빛 조명 아래 멋들어진 벽화와 조각으로 채워져 있는 극장에서 파란색 등산 티셔츠와 중등산화라니, 된장.'

허세를 부리고 싶진 않았지만, 교복을 입는 학교에 사복을 입고 전학 온 학생처럼 내 모습은 주변과 조화롭지 못했다. 위안이라면 꽁으로 받은 티켓이 무대 바로 앞좌석이란 것쯤.

빨간색 무대 휘장이 열렸다. 순식간에 떠들썩하던 공연장에 적막이 흘렀다. 분홍색 드레스를 곱게 차려입은 조수미가 무대 한가운데 서 있었다.

조수미가 관객들을 보고 인사하자 정적이 깨지며 활화산처럼 뜨거운 박수가 터져 나왔다. 교포들은 오랜만에 모국의 세계적 성악가를 보며 흐뭇해했다. 우레와 같은 박수는 그녀가 자세를 고쳐 잡을 때까지 한동안 계속됐다.

그녀가 진지한 표정으로 무대 바닥을 응시했다. 콜론극장을 뜨겁게 달궜던 분위기가 팽팽한 활시위처럼 당겨졌다. 모두가 촉각을 곤두세웠다. 동포들은 터질 듯한 압박으로 그녀를 몰아쳤다. 조수미는 한 치의 미동도 없이 깊이 숨을 들이마셨다.

"아~아~~악~아~~~" 그녀의 청아한 목소리가 고막을 때렸다. 일순간 온몸에 소름이 돋았다. 마성(魔性)이 담긴 울림에 그녀를 휘감고 있던 압박이 갈기갈기 찢겨 나갔다. 순식간에 수천 개의 눈과 귀를 사로잡아 버린 그녀는 때론 폭풍같이 때론 봄날 햇볕같이 무대를 장악했다. 오케스트라를 제압하는 그녀의 목소리가 공연장 구석구석까지 파고들었다.

노래는 절정을 향해 치달았고, 난 주먹을 불끈 쥐었다. 손안은 땀으로 흥건했다. 몸속 여기저기가 찌릿함으로 들썩였다. 마치 롤러코스터를 타는 듯했다. 내가 숨을 제대로 쉬고 있는지조차 알 수 없었다. 순도 100%의 짜릿한 전율에 얼굴은 벌겋게 상기됐다. 조마조마한 그녀의 마지막 고음을 들으며 마른 침을 삼켰다.

"아~ 어쩜." 인간의 목소리가 저렇게 아름다운 소리를 낼 수 있는지 미처 몰랐다. 커튼콜까지 마친 1시간 30분간의 공연이 엔딩을 알렸다. 우레와 같은 박수가 터져 나왔다. 관객 대부분이 기립해 그녀에게 찬사를 보냈다.

"푸~핫!" 참았던 숨을 토해냈다.

나도 벅찬 가슴을 박수에 담아 전하고 싶었으나 멍하니 그녀를 바라볼 수밖에 없었다. 그녀가 무대에서 사라지자 진한 여운이 밀려들었다. 지금 이 순간

성악을 알고 모르고는 전혀 중요하지 않았다. 그냥 편히 앉아 천상의 목소리가 만들어 내는 감동에 마음을 열기만 하면 그걸로 족했다.

그녀가 사라진 텅 빈 무대를 보며 난 쉽사리 자리에서 일어날 수 없었다.

콜론극장

1908년 5월 25일 개관한 이탈리아 르네상스 양식의 콜론극장은 과거, 밀라노 스칼라 극장, 뉴욕 메트로폴리탄 오페라 극장과 더불어 세계 3대 극장 중 하나였으며 첫 삽을 뜬 지 20년 만에 완공했다. 큰 공연이 있으면 입석까지 4,000명 정도를 수용할 수 있다. 개관한 지 100년이 된 공연장 외관은 과거만 못하지만, 안에 들어가 보면 대번에 생각이 바뀌게 된다. 홀 기둥, 좌석 계단, 10층 높이가 넘는 내부 등은 조각과 판화 그리고 700개에 달하는 샹들리에 전등으로 꾸며져 있어 보는 이들의 감탄을 자아낸다. 내부 투어가 있으나, 공연이 있는 날 입석표가 투어보다 쌀 때가 있다.

땅고
그리고 M

벼르던 일을 전격 감행하기로 했다.

밤 11시, 숙소를 나섰다. 어둑발이 짙게 깔린 거리. 옅은 밤안개 사이로 취객이 뜨거운 숨을 몰아쉬며 차가운 아스팔트 위에서 한뎃잠을 자고 있었다.

밤이슬을 맞으며 걷고 있는 건 부에노스아이레스에서 꼭 봐야 할 게 있었기 때문이다. 이번 새벽 잠행 미션은 밀롱가(Milonga) 탐방. 밀롱가는 땅고를 추는 무도장 정도 되는 곳이다.

을씨년스러운 밤길을 헤매며 찾아간 곳은 꼬차밤바(Cochabamba) 444번지. 한국 같으면 주소가 좋지 않다며 월세를 깎아 달라는 시비에 휘말리기 딱 좋은 주소였다. 엉덩이를 뒤로 빼고 두근거리는 마음으로 빠끔 문을 열어 안을 들여다봤다. 밀롱가의 첫인상은 내 고정관념에 하이킥 한방을 작렬시켰다. '땅고' 하면 연상되는 반짝이 옷차림은 눈 씻고 찾아봐도 보이지 않았다. 대부분 꾸미지 않은 일상복 차림의 남녀가 복고풍 음악에 맞춰 스텝을 밟고 있는 지극히 평범한 장면이 이어졌다.

여긴 관광객을 대상으로 하는 상업화된 밀롱가와 달리 진짜 춤꾼들이 많이 찾는다는 곳이었다. 손님은 직장인이 대부분이었다. 개중엔 바지를 입고 춤을 추는 여성도 보였다. 20대 청년에서부터 60대 장년까지 나이 폭도 넓었다. 그들은 남의 시선 따위는 의식하지 않고 춤을 춤답게 즐겼다. 이 모습은 전문 땅고 댄서의 격렬한 몸짓을 머릿속에 간직하고 있던 내게 '땅고는 마음으로 추는 춤'이란 말을 하는 듯했다.

맥주 한 병 사 들고 어렵사리 테이블에 자리를 잡았다. 가까이서 눈으로 스텝을 쫓아가 보니 땅고는 그리 간단한 춤이 아니었다. 이들이 그려내는 몸짓은 우아하면서 절도 있었다. 불쾌하게 취한 남녀가 상대의 몸을 거칠게 탐닉하는 막장 브루스와는 차원이 달랐다.

지그시 눈을 감은 여성 댄서는 빛바랜 땅고 리듬에 몸을 맡겼다. 파트너의 리드에 따라 스텝을 옮기는 표정은 마치 '당신은 어떤 분인가요? 당신의 리듬을 알려주세요.'라고 말하는 것처럼 감미로웠다.

한 곡이 끝나갈 무렵 둘이서 추기 시작한 춤은 한 몸으로 끝을 맺고, 따스한 미소를 나누며 다시 둘이 됐다. 이마에 맺힌 땀방울이 오색 조명에 싱그럽게 반짝였다.

다시 음악이 시작됐다. 남자의 오른손이 여성의 등을 뱀처럼 휘감더니 겨드랑이 근처에 멈춰 섰다. 경계였다. 에로티시즘이 담겨 있었지만 퇴폐적이진 않았다. 여성은 뒤꿈치를 세우고 파트너의 등 가운데 손을 가볍게 갖다 댔다. 이미 서로의 호흡을 확인한 뒤였지만 간혹 발을 밟거나 몸을 부딪치기도 했다. 그들은 가볍게 미소를 지으며 춤을 이어갔다.

사람을 알아가는 데 이보다 더 아름다운 방법이 있을까?

"땅고의 매력이 뭐야, 춤을 추면 그렇게 좋아?"

"음… 약간의 긴장과 설렘 안에서 하나 되는 것 같은 느낌 그리고 희열."

춤을 배우기 위해 태평양을 건너온 M이 말한 땅고였다.

새침하고 차가운 얼굴로 내 앞에 나타난 그녀는 찰랑대는 긴 생머리와 빨간 매니큐어가 무척이나 잘 어울렸다. M에겐 어딘가 모르게 나른함이 배어 있었다. 수줍은 미소는 상대에게 편안함을 더했다. 친절한 그녀는 자기 일에 충실했으며 남에게 싫은 소리 하는 걸 무척 힘들어했다. 꿈을 위해서 묵묵히 노력하는 그녀는 투덜거리는 법이 없었다. 때론 미래를 걱정했지만, 젊음을 불태울 만큼 자기감정에 솔직했다. 혼자서 시간을 즐길 줄 아는 여유가 있었고, 무엇보다 자신을 사랑할 줄 알았다.

M은 땅고에 빠져 있었고 시간이 날 때마다 불나방처럼 밀롱가로 날아들었다. 그리곤 남들이 잠에서 빠져나올 때쯤 신데렐라처럼 이불 속으로 숨어들었다. 그녀에게선 생명력 넘치는 활기가 느껴졌다.

M은 여행자에게 적잖은 거부감을 느꼈다. 빈자리가 주는 상처에 대한 동물적 반응이었을 거다. 그런데도 난 무모하게 그녀에게 빠져들었다. 허름한 내 행색을 그녀는 신경 쓰지 않았고, 난 그녀의 화장기 없는 얼굴이 마음에 들었다. 서로 과거를 묻지 않았고, 미래를 약속하지도 않았다. 지금을 즐기며 오래된 카페에 앉아 커피 향을 나누었다. 때론 샌드위치와 와인 잔을 사이에 두고 수다스럽게 대화를 이어갔다. M은 내 유머를 즐겁게 들었고, 난 그녀의 밝은 얼굴에 미소 지었다.

댄서와 트레커의 만남은 어울리지 않아 보였지만 우린 오래된 연인처럼 남미의 파리 부에노스아이레스 골목을 거닐었다. 클럽에 가지 않아도 흥에 겨웠

고, 오래된 지하철에서 두근거리는 롤러코스터의 짜릿함을 느꼈다. 우린 끝이 어디쯤인지 분명 알고 있었다. 하지만 오늘이나, 잘해야 내일 정도까지만 애써 생각할 뿐이었다.

　M이 표정 없이 카페 창밖을 바라보다 나를 보며 웃었다. 그리고 곧 비워질 커피잔을 들여다보았다. 그녀의 수심이 찻잔 안에서 윤슬을 만들어냈다. 그 윤슬을 닦아주고 싶었다. 하지만 이상하게도 그녀를 알아 갈수록 여행의 갈증은 심해지기만 했다. 그녀가 채워 줄 수 없는 단 한 가지 욕망이었다.

'가까이 다가서다'

'땅고'란 단어는 '가까이 다가서다', '만지다', '마음을 움직이다'란 라틴어가 어원이다. 땅고는 유럽 등지에서 아르헨티나와 우루과이로 이주한 노동자들이 만들어 낸 음악에서 시작됐다. 아프리카 노예의 춤 칸돔베, 쿠바 선원의 무곡 아바네라, 아르헨티나 목동의 노래 플라야다스가 섞이면서 탄생했다는 게 정설이다. 땅고 음악은 보통 바이올린 두 대 그리고 피아노, 더블베이스, 반도네온 등의 협주로 이뤄진다. 땅고의 춤사위는 항구 도시 라 보까(la Boca)에서 일하던 선원들의 춤이 원류다. 20세기 초반 아르헨티나의 부흥기와 함께 땅고는 유럽과 북미지역으로 퍼져 나가며 선풍적 인기를 끈다. 그러다 아르헨티나로 역수출되면서 현재 모습을 갖추게 됐다. 땅고 발생지는 부에노스아이레스의 오래된 항구 라 보까라고 알려졌지만, 실상은 아르헨티나와 우루과이가 발생지를 두고 아직도 싸움을 계속하고 있다. 땅고는 유네스코 무형문화재로 지정돼 있다.

책 냄새를 맡으며
와인 한 잔

●

부에노스아이레스를 떠나기 전 이곳은 꼭 소개하고 싶다. 바로 세상에서 가장 아름다운 서점이다.

1912년 문을 연 1,050석 규모의 오페라 극장 엘 아테네오(El Ateneo). 한때는 땅고의 대부 까를로스 가르델(Carlos Gardel)이 공연을 했을 정도로 명성이 높았다. 그러나 엘 아테네오는 부침을 거듭하며 지난 2000년 경영 위기로 문을 닫게 되고, 이때 한 출판사가 이곳을 임대하면서 35만 권의 장서를 보유한 세상에서 가장 아름다운 서점으로 다시 태어났다.

유명 배우가 유려한 몸짓으로 수놓던 무대는 멋진 카페로 바뀌었고, 서점 곳곳에 남아 있는 공연장의 아름다운 장식은 책을 더 빛나게 했다. 황금빛 치장을 한 서점 내부는 눈이 부셨다. 세기의 명작도 이곳에선 숨을 죽일 것만 같았다.

양쪽으로 휘장이 쳐진 무대에 올랐다. 서점이 가장 잘 보이는 곳에 자리를 잡고 말벡 한 잔을 주문했다. 붉은 와인이 화려한 조명을 받아 보랏빛으로 변

했다. 무대 한쪽에서 책을 보는 사람, 망중한을 즐기는 사람, 연인과 담소를
나누는 사람, 스마트폰을 만지작거리는 사람 그리고 그들을 바라보는, 며칠
뒤면 부에노스아이레스를 떠날 한 사람….

남미
'新루트'

부에노스아이레스는 여행이 주는 최고 안락과 쾌락, 이 모두를 맛볼 수 있는 땅이었다. 풍경과 사람이 그랬고, 하나씩 만들어지는 에피소드가 그랬다. 현재와 과거가 공존하는 비규칙적 건물 사이를 걷고 있으면, 진하고 풍부한 커피향처럼 자유가 나풀대며 코끝을 간질였다. 직장생활 중 그토록 갈망하던 흐느적거림이었다. 난 이곳에서 나태하고 게으른 인간 본성을 다시 찾을 수 있었다. 오죽하면 도시 불감증을 달고 살아온 내가 첫 번째로 매료된 도시로 부에노스아이레스를 꼽길 주저하지 않겠나.

도시 구석구석엔 오랜 세월 발효된 문화의 향기가 가득했다. 질리지 않는 풍미 깊은 도시여행은 트레킹과 전혀 다른 레시피로 나를 사로잡았다.

하지만 마음 한편이 헛헛한 것까지 해결해 주진 못했다. 우주가 빚고 지구가 구워낸 자연의 아우라(Aura)가 그리웠다. 무념무상 상태로 낯선 길 위에서 공기 중에 떠다니는 순도 높은 자연의 에너지를 느끼고 싶었다. 날이 갈수록 빌딩이 튕겨내는 김빠진 바람 대신 살아 있는 와일드한 바람이 그리웠다. 와인과 문화에 취해 어디로 가야 할지 방향을 잃어버린 여행자는 결코 되고 싶지 않았다.

땀내를 풍기고 구멍 뚫린 옷을 입고 뚜벅뚜벅 걷는 여행자로 돌아가고 싶었다. 오래전 인류가 지구를 떠돌며 유목민으로 살아갈 때처럼 세상을 탐험하고 싶었다. 그게 내가 여행을 떠난 이유이자 밑바닥 본성이었다. 방향은 이미 정해져 있었고, 거부할 수 없는 길이었다. 영원한 건 아무것도 없다. 끌림은 또 다른 끌림으로 대체할 수밖에. 봄바람은 한국이나 남미나 충동적이긴 마찬가지였다.

남미 여행의 가장 큰 목표는 파타고니아(Patagonia) 최고의 트레일 토레스 델 파이네(Torres del Paine, 현지어에 충실하게 발음하면 '또레스 델 빠이네'에 가깝다.)와 남미 최고봉 아콩카구아(Aconcagua)였다. 여기다 우유니(Uyuni) 소금사막 등 남미의 상징 같은 여행지도 꼭 둘러봐야 했다. 고심 끝에 부에노스아이레스를 베이스캠프 삼아 네 차례에 걸친 여행 계획을 완성했다.

첫 번째 여행 | 영화 〈미션〉의 그 폭포, 이구아수(Iguazú)를 찾아서
파라과이, 브라질, 아르헨티나 3개국에 걸쳐 있는 이구아수 폭포를 보고, 파라과이에 들렀다 부에노스아이레스 컴백.

두 번째 여행 | 지상 최고의 트레일 토레스 델 파이네 걷기
한 달간 파타고니아의 바릴로체(Bariloche), 토레스 델 파이네 등을 여행하고 다시 부에노스아이레스로 돌아오는 일정. 왜 죽기 전에 꼭 걸어봐야 하는 트레일인지 직접 확인하고 싶었다.

세 번째 여행 | 악마의 산 아콩카구아 오르기

파타고니아 여행 뒤 다시 부에노스아이레스로 돌아와 모든 준비를 마치고 아콩카구아에 오른다. 이번 여정은 1년간의 세계 일주 아니 내 인생 최대의 도전이었다.

네 번째 여행 | 우유니, 마추픽추(Machu Picchu) 여행

아콩카구아 산행 이후 칠레 산티아고를 거쳐 남미의 주옥같은 여행지를 둘러보고 페루의 수도 리마(Lima)로 올라간다. 이곳에서 에콰도르, 콜롬비아 등을 여행할지 결정.

여행 일정을 완성해 보니 아무도 이런 비효율적 루트로 남미를 여행하지 않을 것 같았다. 여행 고수가 보면 혀를 찰 일이었지만, 내겐 이만한 루트가 없었다. 이번 세계 일주 최대 난제인 남미 최고봉 아콩카구아에 도전하기 위해선 20일치 식량을 준비해야 했는데, 이 짐을 갖고 한 방향으로 여행 하는 건 불가능했다.

그렇다고 이구아수, 파타고니아 여행을 포기할 순 없었다. 남미 新루트를 개척할 수밖에. 바로 이 루트가 한 달간 부에노스아이레스에서 와인과 소고기에 심취하며 얻은 깨달음이었다.

마음을 굳히자 일은 급물살을 탔다. 돌아오는 월요일 이구아수행 버스를 타기로 했다. 버스표를 예매하기 위해 떼르미날 데 옴니부스(Terminal de Omnibus, 버스터미널)를 찾았다. 터미널 근처는 우범지대로 악명 높은 곳이다. 소매치기를 특히 조심하라는 당부를 들은 터라 신경이 곤두섰다. 모자를 쓰고

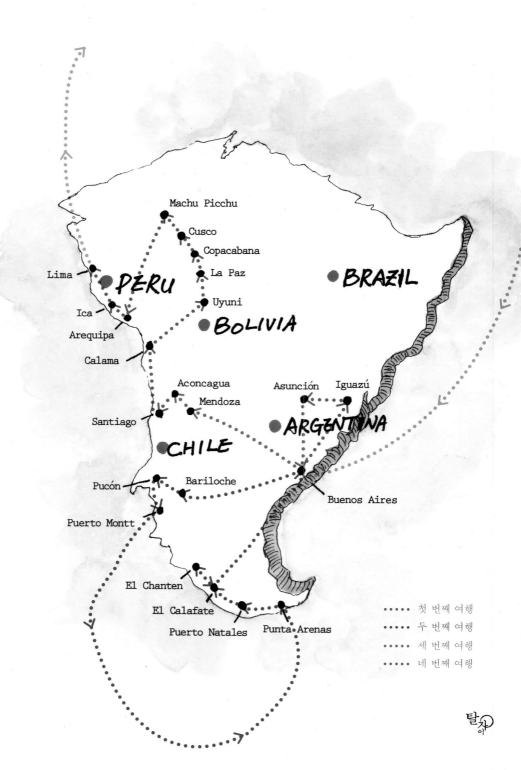

Machu Picchu

Cusco

Copacabana

Lima

PERU

La Paz

BRAZIL

Ica

Uyuni

Arequipa

BOLIVIA

Calama

Aconcagua

Asunción

Iguazú

Mendoza

Santiago

ARGENTINA

CHILE

Pucón

Bariloche

Puerto Montt

Buenos Aires

El Chanten

El Calafate

Puerto Natales

Punta Arenas

····· 첫 번째 여행
····· 두 번째 여행
····· 세 번째 여행
····· 네 번째 여행

선글라스로 얼굴을 가렸지만, 터미널 근처를 배회하는 껄렁한 현지인의 눈을 완벽히 피할 순 없었다.

'또 어떤 사기꾼과 황당 사건이 나를 기다릴까?' 쫀득쫀득한 설렘이 다시 차오르기 시작했다. 여행이 가장 여행다워지는 순간이었다.

남미에서 버스 타기

육중한 떼르미날은 강남고속버스터미널을 연상시켰다. 1층은 버스에 타고 내리는 사람으로 북새통이었다. 인파를 피해 2층으로 올라갔다. 터미널 2층은 족히 100미터는 더 돼 보이는 기다란 공간에 수십 개 버스회사가 진을 치고 있었다. 어느 회사 앞은 사람들로 북적였고, 어느 회사 앞은 파리조차 시에스타를 즐길 기세였다.

남미에서 버스를 타려면 적잖게 발품을 팔아야 한다. 한국은 수십 개 버스 회사가 같은 노선을 운행하는 일도 없을뿐더러 등급도 일반과 우등으로 단순하다. 하지만 남미 버스 운영 체계는 이런 내 고정관념을 산삼 캐듯 잔뿌리까지 뽑아버렸다. 회사마다 노선, 가격, 서비스, 경유지, 출발시각, 할인율 등이 천차만별이기 때문에 버스표 구매가 여간 고민스러운 게 아니다. 남미 버스는 우리와 비교가 안 될 정도의 장거리를 운행한다. 이 때문에 버스마다 화장실이 모두 갖춰져 있고, 기내식이 제공된다. 대부분 2층 버스고 버스 등급에 따라 서비스가 다르다.

원래 타려고 했던 버스는 290페소짜리 일반형. 당시 환율로 50달러 정도 하는 저가 버스였다. 40시간 이상 버스 이동 경험이 있었던 터라 18시

간은 그리 큰 부담이 아니었다. 하지만 출발일이 마침 공휴일이라 290페
소짜리 저가 버스가 운행하지 않는다는 예상치 못한 답변을 들었다.

정신을 차리고 주변을 둘러보니 무수히 많은 버스회사가 줄지어 있었
다. 도대체 어디에서 뭘 물어야 할지 알 수가 없었다. 어렵사리 괜찮은 가
격과 스케줄이 맞는 회사를 찾아냈다. 이날 내가 선택한 버스는 500페소
짜리 세미까마(Semi-Cama). 20시간 가까운 여정을 일반버스로 버티려고
했던 알뜰살뜰한 생각은 어느새 준럭셔리로 바뀌어 있었다.

남미 버스 등급은 한국에서 보통 타던 일반버스가 있고, 우등 고속에 해
당하는 세미까마가 있다. 다음으론 등받이가 안마의자처럼 젖혀지는 까마
(Cama)와 좌석 자체가 라꾸라꾸 수준으로 넘어가는 프리미엄급 등으로 나
뉜다. 까마는 스페인어로 '침대'를 뜻한다.

가만히 수화기를 내려놓는데
왜 전화선은 자꾸 꼬이는 걸까?
전날과 다름없이 오늘도 무사히 하루를 보냈는데
왜 인생은 뒤죽박죽이지?

첫 번째 여행

'넬라 판타지'를 찾아서

이구아수 폭포

들어는 보았는가?
와인 무한 제공
버스

"나이아가라와 이구아수를 모두 본 분이 그러더라고요. 나이아가라는 이구
아수 오줌발 정도밖에 안된다고."

지구에서 가장 큰 폭포를 보러 가는 날이었다. 잠자고 있는 내 여행 본능이
뜰채에 담긴 장어처럼 힘차게 꿈틀거렸다.

말로만 듣던 남미의 장거리 버스를 처음 경험하는 순간이기도 했다. 예상과
달리 버스는 남미와 전혀 어울리지 않게 정시 출발로 날 놀라게 했다. 뭔가 여
행이 술술 풀릴 것만 같았다. 표를 확인하고 자리에 앉고 보니 운 좋게도 2층
맨 앞! 고도감이 상당했다. 고개를 숙이면 전면 유리 아래로 쾌속 후진하는 아
스팔트 바닥을 볼 수 있었다.

2층 맨 앞자리는 드라이브를 만끽하기엔 최적이었다. 시티투어 기분마저
들었다. 세미까마가 주는 편안함도 마음에 들었다. 한국 우등버스보단 못했지
만, 지금까지 세계 일주를 하면서 엉덩이를 붙여본 버스 중 가장 럭셔리했다.

버스가 도심을 빠져나왔다. 한적한 시골길이 이어졌다. 길은 대나무처럼 곧

게 닦여 있었다. 비포장도로가 주는 덜컹임은 없었다. 멀리 덩치 큰 아르헨티나 소들이 삼삼오오 풀을 뜯고 있었다. 버스는 드넓은 초원을 가로질러 하늘과 대지가 만나는 북쪽 지평선을 향해 달렸다.

오랜만에 이어폰을 꽂고 음악을 들었다. 담요를 덮고 눈을 감았다. 눈꺼풀이 중력을 이기지 못하고 스르륵 감겼다.

'툭툭.'

소스라치게 놀라 눈을 떴다. 버스 여행 중 도난, 분실 사고가 자주 일어나지 않던가. 아무리 버스가 편하다고는 하나 무작정 넋을 놓을 순 없었다. 미세한 인기척에도 과잉된 촉이 확실히 작동하고 있었다.

"누구….."

앞치마를 두른 승무원이 눈앞에 서 있었다. 말로만 듣던 버스 기내식을 맛보는 순간이었다. 승무원은 친절한 얼굴로 기내식을 테이블에 내려놓더니 레드 와인과 화이트 와인 가운데 하나를 고르라고 했다. 아이처럼 올라오는 미소를 얼굴에서 지우며 근엄하고 품위 있게 그리고 격조 높은 억양으로 레드 와인을 달라고 했다. 와인은 묵직한 말벡이었다.

"캬~아~악~ 좋구나."

해산물은 쳐다보지도 않는 나라였다. 식사 메인요리는 분명 소고기여야 했다. 뚜껑을 열어보니 예상대로 풀 반, 고기 반. 기내식 상태는 예상을 뛰어넘는 수준이었다. 메인 요리는 비행기 기내식보다 괜찮았다. 단, 내 입맛에는 너무 달고 짰지만.

플라스틱 와인 잔을 빙빙 돌리며 말벡에 생기를 불어넣었다. 몇 잔 비우고 나자 기분이 알근했다. 여기서 이 기분을 끝낼 수 없어 와인을 한 잔 더 청했다. '와인 무한 제공 버스'라니 이 얼마나 달콤한 여행이란 말인가. 흐뭇한 미소가 얼굴에 번졌다.

저주받은 장을 타고난 터라 장거리 여행에 내심 걱정이 앞섰다. 그런데 남미 버스는 이런 불안과 공포를 한 번에 해결해 줬다. 먹고 마시다 배가 아프면 버스 화장실에서 모든 걸 해결할 수 있었다. 허리띠를 풀고 맘 편히 와인을 즐겼다. 중국 버스 여행과 달리 매연도, 과속도, 흡연도 없었다. 길은 양탄자처럼 부드럽고, 버스는 시골 할머니 품처럼 넉넉했다.

초원 끝에서 짙은 와인 빛 노을이 유리창을 뚫고 술기운이 오른 내 얼굴을 더 붉게 물들였다.

남미 버스 여행 팁

남미 버스는 엄청난 에어컨 바람을 앞세워 갑자기 매서운 겨울바람을 선사할지 모른다. 에어컨 냉기가 상상을 초월할 때가 적잖다. 또 밤사이 기온이 뚝 떨어져 한겨울 야외취침 경험을 떠오르게 할 수도 있다. 남미 버스를 이용할 계획이라면 두툼한 옷은 필수다. 산에서만 방한 대책이 필요한 게 아니다. 오뉴월 감기에 걸려 몸져누울 위험이 큰 게 남미 버스 여행임을 잊지 말자!

더 이상
폭포를
논하지 마라

아르헨티나 국경도시 뿌에르또 이구아수 센뜨로(Puerto Iguazú Centro)에 도
착했다. 남미 버스가 편하다고는 하나 장장 18시간의 여정이었다. 날아갈 듯
상쾌한 아침을 기대할 순 없었다. 허리와 무릎이 뻐근했고, 눈은 뻑뻑했다.

일단 방향감각부터 찾아야 했다. 버스에서 내리자마자 '여행자 정보센터' 간
판이 보였다. 센터 직원에게 숙소 정보를 물었다. '어디 어디에 있다'면 충분했
을 답변인데 좀 과한 몸짓과 함께 투어 소개가 이어졌다. 뭔가 미심쩍었다. 다
시 떼르미날 안을 살폈다. '아차!' 남미도 혹세무민(惑世誣民)의 땅이긴 마찬가
지였다. "이런 게맛살들! 그러면 그렇지." 가만 보니 '여행자 정보센터'란 간판
이 한두 군데가 아니었다. 트릭이었다.

여행은 감상과 이성 사이를 오가며 이뤄진다. 때론 냉철한 이성으로 상황을
꿰뚫어 볼 수 있어야 하고, 가끔은 감상에 젖어 눈물을 흘릴 수 있어야 한다. 지
금 상황에서 내게 필요한 건 촉촉한 감정보단 날이 시퍼렇게 선 이성이었다. 진
짜 여행자 정보센터를 찾으러 나섰다. 진실은 그리 멀지 않은 곳에 있었다.

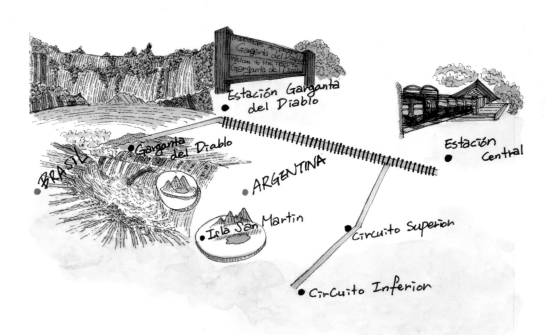

Estación Garganta
del Diablo

Garganta del Diablo

BRASIL

ARGENTINA

Isla San Martin

Estación
Central

Circuito Superior

Circuito Inferior

탈
이

뿌에르또 이구아수는 세계적 관광지답게 여행자 숙소로 넘쳐났다. 사전에 점찍어 둔 숙소를 찾아 짐을 풀고 곧장 브라질 쪽 포스 두 이구아수(Foz do Iguazú)행 버스에 올랐다. 거리상으론 아르헨티나 쪽 폭포가 가까웠지만, 국경을 넘는 게 이번 여행의 첫 순서였다. 많은 여행자가 브라질 쪽 이구아수를 먼저 보고 다음 날 아르헨티나 이구아수에서 '악마의 목구멍'(Garganta del Diablo)을 봐야 제대로 된 클라이맥스를 즐길 수 있다고 했다.

버스는 브라질 국경에서 한 차례 승객을 쏟아냈다. 이들은 브라질에 여러 날 체류하는 사람들이었다. 당일치기로 이구아수를 보고 돌아올 사람은 따로 여권 도장이 필요치 않다.

이구아수국립공원(Iguaçu National Park) 입장료는 41.10헤알(BRL). 당시 한국 돈으로 2만 원 정도였다.

"쿠우우웅~ 쿠우우웅~"

빼곡히 들어찬 나무 너머에서 대지를 뒤흔들고 있는 폭포가 또렷하게 느껴졌다. 심장도 덩달아 고동쳤다. 길을 따라 걷다 보니 나무 장막 사이로 시야가 열렸다.

"으~아~앗! 어쩜 저럴 수가…." 감히 상상할 수조차 없는 엄청난 스케일이 순식간에 몸을 얼어붙게 만들었다. 거대 싱크홀이 뚫린 느낌이랄까. 길게 이어진 절벽을 따라 폭포의 군무가 형언할 수 없는 에너지를 발산하고 있었다. 포말은 안개처럼 세상을 뒤덮고 물줄기는 하얀 비단을 끊임없이 게워내고 있었다. 다이너마이트의 연쇄폭발음처럼 끝도 없는 파열음에 몸서리칠 수밖에 없는 광경이었다.

'신들의 정원이 있다면 바로 이런 모습이 아닐까? 사람을 이토록 초라하게

만드는 게 또 있을까?'

인류 최고의 걸작 콜로세움, 만리장성, 페트라, 피라미드 등 세계 7대 불가사의에선 한 번도 느껴보지 못한 자연의 신비가 고스란히 전해졌다.

우비를 입고 뱀처럼 허리를 꼰 우중 산책로를 걷기 시작했다. 폭포에서 떨어져 나온 희뿌연 부스러기들이 시야를 가리며 몽환적 분위기를 연출했다. 폭포 앞에 서자 모래 알갱이만 한 물방울이 무지개를 만들어 냈다. 폭포를 향해 길게 뻗은 산책로는 폭포의 경이로움을 좀 더 가까이 느끼게 했다.

두 팔을 벌려 몸을 맡겼다. 뭉게뭉게 피어오른 수많은 물방울이 나를 하늘 위로 두둥실 떠오르게 할 것 같았다.

이구아수 폭포의
슬픈 이야기

이구아수 폭포와 관련된 비극적 사건이 하나 있다. 과거 이구아수 폭포 대부분은 모두 파라과이 땅이었다. 현재 알짜배기 땅은 브라질과 아르헨티나가 양분하고 있지만. 이유는 이렇다.

1864년 파라과이는 국력 신장을 위해 우루과이·브라질·아르헨티나 등 세 나라와 동시에 전쟁을 벌인다. 1870년 끝난 이 전쟁은 파라과이 남성의 90%가 죽는 참혹한 결과를 낳았다. 전쟁 후 잿더미가 된 나라를 되살리기 위해 파라과이 여성은 바깥일을 했고, 일부다처제 문화가 만들어졌다. 이 전쟁으로 강성했던 파라과이는 쇠퇴의 길을 걷게 되고, 이구아수 폭포 대부분을 잃게 된다. 여기다 마떼(Mate) 생산거점까지 뺏기게 되는데 이는 파라과이 경제에 치명타를 안긴다. 마떼는 이 지역 사람이 가장 즐겨 마시는 차다.

역사는 이 사건을 욕심이 부른 참사로 기록하고 있다. 당시 파라과이 정부는 국가 재건을 위해 이민 정책을 썼고, 이 과정에서 한국인도 태평양을 건너 파라과이에 뿌리를 내렸다.

한편 세계에서 가장 큰 이구아수 폭포는 하나의 폭포가 아니라 270여 개 크고 작은 폭포로 이뤄져 있다. 전체 폭을 단순히 합하면 3킬로미터에 달한다. 낙폭은 평균 60미터 정도지만 최고 90미터에 달하는 곳도 있다. 미국 프랭클린 루스벨트 대통령의 영부인 엘리너 여사가 이구아수 폭포를 보고 "My Pool Niagara."라고 말했을 정도다.

1986년 유네스코 세계 자연유산으로 지정된 이구아수는 원주민 말로, '이'는 '크다', '구아수'는 '물'을 뜻한다.

죽음을 맛보다,
악마의 목구멍

다음 날 아침 일찍, 아르헨티나 이구아수국립공원으로 향했다.

아르헨티나 쪽 이구아수는 관람 방식이 조금 달랐다. 하이킹 코스를 따라 오르락내리락 걸으며 각각 다른 뷰에서 변화무쌍한 폭포를 감상할 수 있고, 폭포를 온몸으로 느낄 수 있는 보트투어가 있었다. 무엇보다 아르헨티나 이구아수에선 이번 여행의 하이라이트, '악마의 목구멍'이 기다리고 있었다.

입장료는 우리 돈으로 2만 원이 넘는 130페소. 전투적 트레킹은 잠시 접어두고 폭포 둘레길을 따라 구석구석을 가볍게 돌아볼 시간이었다. 기분 나쁜 입장료에 대한 불만도 싹 잊고, 자연이 뽐내는 관능으로의 초대에 기꺼이 응할 시간이었다.

미치도록 걷고 싶은 길이 펼쳐졌다. 군데군데 쉬어갈 수 있는 휴식처도 좋았다. 길바닥은 폭신했고, 자연과 잘 어우러졌다. 그러다 갑작스레 조망이 열리며 크고 작은 폭포의 웅장한 모습이 펼쳐졌다.

브라질 이구아수가 여성적이라면 아르헨티나 이구아수는 남성적 모습이었다(아르헨티나 이구아수를 보기 전까진 브라질 이구아수가 결코 여성적이라고 생각지 못했다.). 허공으로 몸을 날린 물줄기가 무서운 기세로 곤두박질치며 하얀 생크림처럼 부서졌다. 강은 긴 여정과 이별하듯 힘없이 스러졌다. 그리고 다시 강으로 환생했다.

이구아수의 얼굴은 발걸음을 옮길 때마다 시시각각 다른 매력으로 시선을 잡아끌었다. 걷던 길을 벗어나 이구아수의 비현실적 장면 안으로 뛰어들고 싶은 욕구가 치밀었다. 길은 우악스러운 폭포가 다시 잔잔한 강물로 바뀌는 지점으로 이어졌다.

천하제일 폭포가 보이지 않는 힘으로 나를 끌어당기고 있었다. 두려움 속에서 폭포를 오롯이 느끼기 위해 위험한 선택을 해본다. 작은 보트에 올라 구명조끼를 입었다. 보트 엔진음이 출발을 알렸다. 본능적으로 손잡이를 움켜쥐며 뒤로 젖혀진 몸을 애써 곧추세웠다. 바람이 귓가를 스치며 지나갔다. 무서운 속도로 질주하던 보트는 물결이 요동치는 한가운데 자리를 잡았다. 수십 미터를 낙하한 폭포가 수면을 때리는 통에 배가 뒤집힐 것만 같았다. 보트가 서서히 폭포 속으로 다가섰다. 셀 수 없이 많은 물방울이 공기처럼 보트 주위를 감싸고 있었다.

환호와 비명이 배 안에서 엇갈렸다. 그럴수록 폭포는 더 험상궂게 사람들의 목소리를 집어삼켰다. 보트가 뒷걸음질하며 폭포의 손아귀에서 빠져나오려고 안간힘을 썼다. 머리를 돌린 보트는 속도를 높여 파도치는 물결을 헤치고 나갔다.

다음은 폭포가 쏟아내고 있는 물벼락을 맞으러 갈 차례였다. 속도를 올리던 보트가 폭포의 괴괴한 기세에 엔진을 멈추고 유영을 즐긴다. 폭우 뒤 댐의 수

문이 모두 열린 듯한 포악스런 모습이 눈앞에 펼쳐졌다. 숨을 고른 보트가 두려움 없이 폭포 앞으로 뛰어든다. 쭈뼛 촉각이 곤두섰고, 폭포수 파편이 정신을 차리지 못하게 했다. 보트가 폭포의 기세에 밀려 꽁무니를 빼자, 싱그러운 물방울이 햇살에 반짝이며 난분분히 내 뺨에 내려앉는다.

"하~앗~ 하~앗~" 가쁜 숨을 몰아쉰다. 온몸을 휘감은 긴장이 채 가시기 전 하선을 마무리했다.

이번엔 작은 협궤열차에 올랐다. 악마의 목구멍으로 가는 길이었다. 흥분이 채 가시지 않은 사람들의 열기로 기차 안은 떠들썩했다.

열차에서 내려 강 위에 놓인 길을 걸었다. 뒤엉킨 뱀처럼 구불거리는 길을 따라갔다. 발아래서 폭포의 인기척을 듣지 못한 물고기들이 강을 거스르고 있다. 사람들이 모여 있는 넓은 전망대가 눈에 들어왔다. 걸음이 가까워질수록 모골이 송연해진다.

이윽고 악마가 녹갈색 입을 쩍 벌리며 실체를 드러냈다. 정지된 듯한 물줄기가 흰 포말로 변하며 블랙홀로 빨려 들어갔다. 90미터의 자유낙하. 산산이 조각난 강물의 파편들이 허공으로 솟구쳐 올라 사방에 흩날렸다. 한동안 망연히 그 모습에 취해 본다. 악마의 목구멍을 들여다보고 있으면 폭포에 뛰어들고 싶은 충동이 생긴다고 했다.

하염없는 물살을 바라보고 있자 최면에라도 걸린 것처럼 수런거리는 주변 소음이 점점 희미해졌다. 프로이트가 말한 죽음의 충동, 타나토스(Thanatos)가 소리 없이 무의식의 표층을 뚫고 올라온다.

이구아수 폭포 준비물

아르헨티나 이구아수에선 보트를 타고 폭포 바로 아래까지 갈 수 있는 짜릿한 투어를 즐길 수 있는데, 이때 물이 하나 가득 담긴 양동이 100개가 한꺼번에 얼굴로 쏟아지는 경험을 하게 된다. 이게 대박이다! 투어가 끝나면 물에 젖은 생쥐 꼴이 되니 여분의 옷을 준비해야 무리 없이 다음 일정을 소화할 수 있다. 물안경을 준비하면 좀 더 실감 나게 폭포의 자유낙하를 즐길 수 있다.

팁이 하나 더 있다. 숙소에서 적당히 도시락을 준비하는 게 부담을 더는 방법이다. 공원 안 식당 가격은 한마디로 사악하다.

파라과이에서 경험한
이상한 협상

●

파라과이.

누군 이 나라를 정말 볼 것 없고, 할 일 없는 여행지라고 평했다. 또 누군 80~90년대로 돌아간 듯한 옛 정취가 매력적이라고 했다. 경치야 어찌 됐건 이구아수에서 왔던 길을 그대로 되짚어 부에노스아이레스로 돌아가는 건 내 스타일이 아니었다. 돌아가는 길은 다른 루트를 통하고 싶었다.

이구아수에서 얼마 멀지 않은 곳이 파라과이 국경 도시 시우다드 델 에스테(Ciudad del Este)였다. 이곳은 남미의 슈퍼마켓으로 불리는 쇼핑도시다. 밀수품이 많이 거래되던 곳으로 유명하다. 특히 전자제품이 저렴하게 유통돼 용산 전자상가를 방불케 한다고. 과거 호황기, 이곳에서 장사하던 우리 교포 중엔 밤새 돈을 세다 잠이 든 사람도 있었다고 한다. 하지만 현재는 밀수 단속 등이 강화돼 과거의 화려함을 보여주고 있진 못했다.

이구아수 터미널에서 10페소를 내고 파라과이행 버스에 올랐다. 버스는 브라질을 거쳐 국경을 향해 달렸다. 사람들이 브라질과 파라과이를 연결하는 다

리 위를 한가로이 거닐고 있었다. 그들에게서 국경을 넘는 긴장감은 찾아볼
수 없었다.

시우다드 델 에스테 도착 직전 파라과이 이미그레이션 앞에 내려 여권을 내
밀었다. 심사관은 내 여권을 보더니 질문도, 환영 인사도 없이 다짜고짜 30일
짜리 도장을 찍고, 컴퓨터에 관련 정보를 입력했다. 초콜릿 조각 케이크를 먹
고 스테이크를 써는 것처럼 어색하고 뭔가 앞뒤가 바뀐 느낌이었다. 단지 일
처리 속도가 마음에 들 뿐이었다.

막상 파라과이에 도착하고 보니, 내가 알고 있는 정보는 이곳 터미널에서
아순시온행 버스를 타야 한다는 게 전부였다.

"아놔! 무식하게 내가 어쩌자고 여길 왔지?" 이렇게 막무가내로 낯선 여행
지에 뚝 떨어지긴 처음이었다.

남미까지 오면서 가이드북은 먼 나라, 이웃 나라 이야기였다. 길거리에서
가이드북을 꺼내 눈알을 굴리는 순간 표적이 되기 쉬웠고, 초보 여행자 티를
내고 싶지도 않았다. 낯선 곳에서 당하지 않으려면 하루 계획 정도는 확실히
세우고 끝없이 움직이는 수밖에 없었다.

여행은 짐을 싸고, 이동하고, 다시 짐을 풀고 하는 단순한 패턴이었지만, 과
정은 절대 단순하지 않았다. 어디선가 돌발 상황이 튀어나오고, 순간순간의
선택은 모두 내 책임으로 돌아왔다.

긴가민가한 도시를 아무 정보 없이 두리번거리고 보니 난감하기 이를 데 없
었다. 모든 걸 임기응변으로 처리할 수 있다는 나태함이 부른 결과였다. 위험

한 모험을 한 셈이었다. 트레킹 장비를 모두 부에노스아이레스에 두고 작은 배낭을 챙겨 온 게 그나마 다행이었다. 여차하면 뛸 수 있는 기동력은 확보하고 있었으니.

지금 당장 필요한 건 파라과이 돈이었다. 그렇다고 깜비오가 어디 있는지 알지도 못했다. 앞이 막막했다. 의지할 건 이집션들이 내게 전수해준 각종 술수와 손대면 톡 하고 터질 것 같은 촉뿐이었다.

잔뜩 주눅 든 표정으로 주변을 살폈지만 깜비오가 보이지 않았다. 하지만 어딘가에서 케케묵은 지폐 뭉치가 돈 냄새를 풍기며 손님을 기다리고 있을 게 분명했다. 찾아야 했다.

국경에서 멀지 않은 곳에 쇼핑센터 같은 곳이 있었다. 현지 분위기를 좀 살펴볼 요량으로 건물로 향했다. 계단은 지하로 연결돼 있었고, 옷을 파는 가게가 소시지처럼 줄지어 있는 게 꼭 동대문시장을 연상시켰다. 상인들은 빵 모자를 쓴 꼬질꼬질한 동양인 여행자를 원숭이 보듯 했다. 옷을 사라며 웃음을 흘리기도 했고, 무표정하게 내 행동을 눈으로 쫓기도 했다.

그렇게 편치 않은 시선을 애써 외면하며 쇼핑센터 안을 소심하게 걷고 있을 때였다. 건물 막다른 곳에서 노란색 'Cambio' 간판이 반짝이고 있었다. 구세주를 만난 느낌이었다. 두 손을 불끈 쥐는 것으로 흥분의 세리머니를 대신했다. 이 건물을 찾아 들어간 건 정말 우연의 일치였다. 아니 우연보다는 길거리보다 안전한 곳을 찾아 들어간 보호본능의 결과였다.

손오공이 타고 다닌다는 근두운 위에 오른 듯 그대로 깜비오 안으로 몸이 빨려 들어갔다. 돈을 바꿀 수 있는 작은 공간은 어떤 위험에서도 여행자를 보호해줄 철옹성같이 안정감 있고 아늑했다. 허리띠 안에 감춰둔 꼬깃꼬깃한 50달러짜리 지폐를 내밀었다. 직원은 최대한 작게 접혀 있다 몇 달 만에 세상 빛을 본 지폐를 꼼꼼히 살폈다. 환전(당시 환율은 1달러에 4,430과라니)은 순조롭게 진행됐고, 22만 과라니 정도를 받았다. 주머니에 돈이 생기자 어깨에 힘이 들어갔다.

잽싸게 건물을 빠져나와 택시기사가 몰려 있는 곳으로 위풍당당하게 걸음을 옮겼다.

"빠라(Para)~ 떼르미날!"

길바닥에서 또 한 번 전쟁 같은 네고가 시작됐다. 스페인어로 숫자를 배우긴 했지만, 만 단위가 넘어가자 도저히 알아들을 수가 없었다. 종이를 꺼내 원하는 가격을 쓰라고 했다. 협상 시작가는 4만 5,000과라니. 10달러 정도였다. 하나둘 주위에 있던 택시기사들이 수선스럽게 몰려들었다. 잠시 뒤 몰려든 택시기사끼리 알아서 가격 협상을 벌이는 진풍경이 펼쳐졌다. 지금까지 이런 경우는 한 번도 없었다. 보통은 담합 때문에 기본 가격 이하로는 네고가 잘 되지 않는데, 서로 가겠다고 알아서 협상하는 어부지리 상황이라니… 빵 하고 웃음이 터질 것 같았다.

등넘이눈으로 불꽃 튀는 손님 쟁탈전을 진지하게 지켜봤다. 잠시 뒤 도저히 가격이 맞지 않는 택시기사 몇 명이 뒤로 빠졌다. 곧장 3만 과라니에 터미널까지 가겠다는 기사가 나타났다. 큰 소리로 "딜!"을 외쳤다. 구름처럼 몰려들었던 택시 기사들이 입맛을 다시며 내 뒷모습을 눈배웅했다. 듣던 대로 파라과이 사람은 다른 남미 사람들에 비해 순하고 체면이 뭔지 아는 듯했다.

창문을 내리고 바람을 맞으며 느긋하게 도시를 감상했다. 그런데 짧은 이동 뒤 터미널에 도착해 보니 3만 과라니를 줘야 하는 거리인지 전혀 감이 잡히지 않았다. 가슴 한구석에서 뒷골을 잡으며 이성이 붕괴될 것 같은 그런 여행이 다시 시작됐다.

"아놔!"

삶이 그대를 속일지라도

노여워하거나

슬퍼하지… 말라고?

파타고니아는 아르헨티나 남부에 있는 반건조성 지역을 일컫는 지명이다. 면적이 67만 제곱킬로미터로 우리나라(남한)의 7배 정도에 달하며 초원·빙하지대로 이뤄져 있다. 예부터 바람이 많아서 '바람의 땅'으로 불렸다. 날개 길이만 3미터에 달하는 콘도르를 공중으로 부양시킬 수 있을 만큼 바람이 강한 곳이다. 파타고니아에는 남미의 알프스 바릴로체, 지상 최고의 트레일로 불리는 토레스 델 파이네 등의 여행지가 있다.

이동 경로 : 부에노스아이레스～바릴로체(아르헨티나 최고의 휴양지)～푸콘(비야리카 화산 트레킹)～뿌에르또 몬트(해산물 시장, 나비막폐리 탑승지)～푼타아레나스(칠레 땅끝 마을)～뿌에르또 나탈레스(토레스 델 파이네 트레킹 거점 도시)～깔라빠떼(모레노 빙하 투어)～엘 찬텐(피츠로이 트레킹)～깔라빠떼～부에노스아이레스

세상 끝 바람이 불어오는 곳

파타고니아, 꿈의 길

남미의 알프스
바릴로체

남미의 파리, 부에노스아이레스는 여전히 밝고 활력이 넘쳤다. 집에 돌아온 것처럼 도시는 푸근하고 친근했다.

잠깐 휴식을 갖고 곧바로 남미 두 번째 여행을 준비했다. 물 건너온 햇반 조금과 라면 몇 봉지를 구매했다. 배낭이 부식으로 빵빵해지자 마음도 덩달아 넉넉하고 든든해졌다. 이번 여행은 그토록 기다리던 바람의 땅 파타고니아를 둘러볼 차례. 파타고니아 일정은 그간 풀어진 근육에 긴장을 불어넣고 이번 여행 최고 난제인 아콩카구아 산행을 준비하기 위한 여정으로 손색없었다.

출발 전 스페인어 과외 선생님은 뺨에 입을 맞추며 무슨 일이 생기면 꼭 전화하라고 신신당부했다. 그녀의 응원에 한결 마음이 놓였다. 10월 4일 꿀맛 같던 남미사랑의 생활을 뒤로하고 다시 배낭을 멨다.

오후 6시쯤 숙소를 나와 택시를 잡고 보니 퇴근 시간에 보기 좋게 걸려 버렸다. 아슬아슬하게 터미널에 슬라이딩한 시간은 저녁 6시 56분. 예매해둔 차는 7시 출발이었다. 앞뒤로 배낭을 메고 승강장을 향해 부리나케 뛰었다. 이번

여행은 거의 모든 짐을 다 갖고 떠나는 길이었다. 뒷머리 위로 훌쩍 솟은 큰 배낭이 좌우로 흔들렸다. 헐떡이는 숨을 참으며 바릴로체행 버스 승강장에 도착했다. 출발시각 1분 전.

그런데 있어야 할 버스가 보이지 않았다. 남미에서 예정 시간보다 버스가 빨리 출발한다는 건 있을 수 없는 일이었다. 이건 남미 스타일이 아니었다. 내 시곗바늘이 잘못 맞춰져 있지도 않았다.

"바릴로체 부스(Bus)! 바릴로체 부스!" 회사 관계자로 보이는 사람에게 표를 보여주며 다급하게 외쳤다. 그는 사색이 된 내 표정을 비웃기라도 하듯 느릿한 어조로 "딜레이."라고 말했다. 팔다리가 늘어지며 휘청거렸다. "된장할!"

회사 직원은 정확한 출발시각은 알 수 없다며 그냥 기다리란 소리뿐이었다. 오지 않는 버스를 무작정 기다렸다. 10분, 20분, 30분… 결국 한 시간이 지나서야 바릴로체행 버스가 미안한 기색 하나 없이 승객 앞에 모습을 드러냈다. 온실 같은 게스트하우스 안에선 맛보려야 맛볼 수 없는 짜증이 쓰나미가 돼 밀려왔다.

좌석은 까마였다. 이구아수에 갈 때 이용한 세미까마보다는 승차감이 월등했다. 버스를 타고 한 시간 정도 있자 저녁이 나왔다. 또 고기였다. 질리게 먹은 고기였지만 절대 질리지 않는 것도 고기였다. 그렇게 밥을 세 번 먹으며 22시간을 달려 남미의 알프스 '산 카를로스 데 바릴로체'(San Carlos de Bariloche)에 도착했다.

여행안내소 왼쪽 편에 높게 솟은 건물 하나가 보였다. '천사'(1004호) 호스텔로 알려진 게스트하우스가 있는 빌딩이었다. 내심 인기 있는 숙소라 자리가 없으면 어쩌나 하고 걱정했는데 다행히 비수기여서 그런지 빈자리가 많았다.

도미토리 하루 방값은 65페소.

체크인을 하고 통유리로 된 발코니에 서니 해거름 아래로 바릴로체 전경이 수채화처럼 펼쳐졌다. 스위스 인터라켄과 어딘지 모르게 닮아 있었다. 바릴로체가 왜 남미의 알프스로 통하는지 절로 고개가 끄덕여졌다.

이 한 장면에 장거리 버스여행의 피로가 온데간데없이 사라졌다. 신이 지구를 만들 때 가장 심혈을 기울였다는 땅 아르헨티나에서도 바릴로체의 아름다움은 단연 발군이었다.

이튿날 국립공원 안내소를 찾았다. 트레킹 코스를 문의하니 개방된 곳은 모두 당일 코스뿐이었다. 캠핑장을 끼고 있는 곳도 몇 군데 되지 않았다. 하지만 어떻게 해서든 그림 같은 산수와 하나 되고 싶었다.

남미에서 영어가 통하지 않는 건 아니지만, 할 수 있는 외국어가 영어뿐인 여행자가 적잖게 당황할 수밖에 없는 환경인 건 확실하다. 남미에서 영어가 제일 잘 통하는 곳은 게스트하우스 안에서다. 그렇다고 남미 사람 전체가 영어를 못하는 건 아니다. 여행자를 상대하는 가이드나 호객꾼들은 영어가 되지만 길거리에서 무작정 길을 물을 때면 영어는 외계어나 다름없다.

암튼 남미를 여행하기 위해선 스페인어 공부가 필요하다. 최소한 숫자와 먹고, 타고, 자는 것과 관련된 말은 할 줄 알아야 되지 않겠나. 내가 만난 여행자 중엔 한국에서 3~4개월간 스페인어를 배우고 온 사람들이 적잖았다. 물론 유창한 스페인어는 아니지만 문제없이 여행이 가능한 수준이었다. 시간 여유가 많다면 나처럼 현지에서 스페인어를 배우는 것도 방법이다. 부에노스아이레스에서 내가 한 달 좀 넘게 스페인어 과외비로 지불한 돈은 200달러 남짓이었다. 학업 비용은 그 나라 물가 수준에 비례하기 때문에 금전 여유가 없다면 물가가 싼 나라에서 스페인어를 배우면 된다.

아르헨티나에는
가솔린이 없다?

●

바릴로체에서 백패킹(트레킹 중 텐트를 치고 야영하는 것)을 하려면 무엇보다 기름 버너 연료를 먼저 구해야 했다. 다행히 바릴로체엔 전문 아웃도어 용품점이 여럿 있었다. 국립공원 여직원이 일러 준 장비점을 찾아 나섰다.

"가솔린?" 자신감 있게 기름을 달라고 했다. 당연히 영어가 통할 줄 알았다.

"???" 점원은 두 눈을 말똥말똥 깜박였다. 알아들을 거란 기대가 한방에 산산조각 났다.

"가! 솔! 린!" 다시 한 번 또박또박 '기름'을 외쳤다. 하지만 그녀의 표정은 꼭 안면신경마비 환자같이 일그러졌다.

"음흠… 깜핑, 깜핑! 가솔린!" 스페인어는 발음기호 없이 그대로 읽으면 통하는 단어가 많았다. 물론 '캠핑'이 스페인어로 '깜핑'인지는 알 턱이 없었다.

"@#$%&?" 그녀는 영어를 내뱉는 내게 스페인어로 응사했다.

"깜! 핑! 가~ 솔~ 린~" 아주 천천히 그리고 간곡히 한 번 더 사정할밖에 도리가 없었다.

"음… 음… 가솔리나(Gasolina)!?"

"가솔리나? 오! 씨(Si)~! 씨~!" 순간 스페인어로 가솔린이 가솔리나란 걸 직감했다. 그녀는 영어를 스페인어로 동시통역하는 순발력으로 한순간에 내 답답함을 해소해 주었다. 이제야 이야기가 술술 풀릴 것 같았다.

"도스 꾸아드라 데레차(두 블록 가서 우회전하세요)."

"헉!"

어렵사리 뜻이 통했지만, 그녀는 가진 게 없다며 다른 상점을 가르쳐 주었다. 왼쪽(Izquierdo), 오른쪽(Derecha), 직진(Derecho) 등의 스페인어는 남미를 여행할 때 꼭 알고 있어야 할 필수 단어다. 난 그녀 말을 100퍼센트 이해하고 어려움 없이 다음 장비점을 찾아내는 놀라운 듣기 능력을 발휘하고 있었다. 스페인어는 버터에 치즈를 뿌리고 식용유를 두른 영어와는 태생부터 달랐다. 문법이야 어찌 됐든 그냥 있는 대로 말하고 읽으면 됐다.

하지만 그녀가 가보라는 상점에도 내가 찾던 화이트 가솔린은 없었다. 'OTL' 하릴없이 주유소로 발길을 돌렸다.

"가솔리나~?" 조금 전 주웠다고는 도저히 생각지 못할 정도로 완벽한 스페인어를 구사해냈다. 점원은 무표정하게 버너 기름통에 차량용 휘발유를 쏟아 부었다. 한국 돈으로 500원쯤 되는 돈을 주고 셈을 치렀다.

"그라시아스~ 세뇨리따~아!"

—

기름 버너를 갖고 세계 일주를 떠난 건, 가스보다 기름을 구하기 쉬울 거란 생각 때문이었다. 막상 여행을 해보니 한국에서 사용하는 버너 가스통은 산이 있는 곳이면 어디서나 구할 수 있었다. 하지만 기온이 낮은 고산에서 화력이 제대로 발휘되지 않는 가스 버너는 내 계획에 치명적 약점으로 작용했다. 기름 버너를 들고 여행을 떠날 분들이라면, 화이트 가솔린 전용 기름 버너는 무용지물이 될 공산이 크다. 화이트 가솔린을 포함해 차량용 휘발유·등유까지 폭넓게 사용할 수 있는 멀티형 버너가 여러모로 쓸모 있다.

아르헨티나
최고 휴양지
바릴로체에서의 백패킹

아껴두었던 부식 거리를 배낭에서 꺼냈다. 부에노스아이레스에서 가져온 햇반·라면·야채참치와 바릴로체 마트에서 구입한 와인·사과·바나나·요구르트·초코바·샌드위치까지⋯ 차곡차곡 장비와 부식 거리를 패킹해보니 배낭은 놀라울 정도로 컸고, 준비한 음식은 민망할 정도로 적었다. 고기를 살까 망설였지만, 육식을 계속하다가는 고지혈증이나 통풍에 걸려 세계 일주 중단 사태를 맞이할 것만 같았다. 마트 정육점 앞을 서성이다 고기는 한 번 쉬어가기로 했다.

최소한의 음식으로 백패킹을 준비하고 보니 배낭이 괴나리봇짐처럼 가벼웠다. 한국의 '먹자병개(먹병)' 야영이 살짝 그리워졌다.

한국에서 백패킹을 가면 삼겹살은 기본이고, 계절에 따라 각종 해산물이 살아 펄떡거릴 것 같은 자태로 배낭에서 기어 나오기 일쑤였다. 먹어도 먹어도 줄지 않을 것 같은 엄청난 양의 산해진미는 밤이 깊어 가면서 어느덧 위장 속으로 자취를 감췄다. 얼린 소주·맥주가 모자라면 묵직한 2리터짜리 소주 됫병

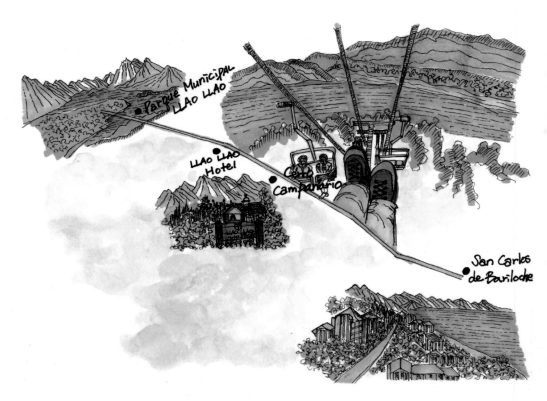

Parque Municipal
LLAO LLAO

LLAO LLAO
Hotel

Cerro
Campanario

San Carlos
de Bariloche

탈
차
이

이 테이블 위에 오르는 일도 심심치 않았다. 그리고 다음 날 숙취로 해롱거리며 짧은 하산을 하게 되고 몸속에 저축해 놓은 칼로리는 그대로 집까지 아름다운 동행을 한다. 가끔 산에 다니고 살이 쪘다는 분을 만난다. 단순한 이치다. 나오는 것보다 들어가는 게 많기 때문이다.

바릴로체 센뜨로(Centro)에서 50번 버스를 타고 종점 '비샤 로스 꼬리후에스'(Villa los Coihues)에서 하차했다. 여기서 20분 정도 걸으면 캠핑장이 나온다고 했다. 흙길이 시작됐다. 길 한쪽으로 전원주택이 줄지어 있었다. 고급 저택을 구경하며 20분 정도 걷다 보니 캠핑장 입구가 보였다. 어프로치가 이렇게 짧은 백패킹이라니… 겸연쩍은 웃음이 나왔다.

"올라! 깜핑?"

"씨~"

덩치가 우람하고 험상궂게 생긴 관리인 아저씨는 겉모습과 달리 살갑게 캠핑장을 안내하며 야영장 사용에 대해 이것저것 설명해 주었다. 캠핑장 이용료는 하룻밤에 35페소. 사이트마다 화덕과 전기 콘센트가 있고, 샤워장까지 갖춘 괜찮은 캠핑장이었다. 심지어 캠핑장 사무실 가까운 곳에 텐트를 치면 와이파이까지 이용할 수 있었다. 책 몇 권 읽으며 2~3일 푹 쉬어가기엔 흠잡을 데 없는 장소였다. 무엇보다 호수와 바로 연결되는 친환경 구조가 마음에 쏙 들었다.

파도가 잔잔하게 찰싹이는 호숫가 옆에 텐트를 쳤다. 야영 준비를 대충 끝마치고 다시 아저씨를 찾아 나섰다. 캠핑장 주변으로 멋들어진 트레킹 코스가 있었다. 경험자에게 현재 상황에 맞는 적당한 코스를 추천받고 싶었다.

아저씨는 이곳에서 제일 높은 곳까지 보통 4~5시간 정도 걸린다고 했다.

그러면서 얼음을 뜻하는 '이엘로'(Hielo)란 단어를 몇 차례 언급했다. 아이젠도 없는 상황에서 눈과 얼음이 깔린 산에 오르는 건 무리였다. 가벼운 하이킹이 제격이었다.

조언을 듣고 숲길로 접어들자 TV에 나올 법한 이국적 산세가 펼쳐졌다. 낙엽이 두툼하게 깔린 길은 걷기에 안성맞춤이었다. 사붓거리며 걸음을 옮기다 보니 작은 폭포를 만났다. 생각보다 이정표가 잘 표시돼 있어 초행길의 불안도 덜했다.

폭포를 지나자 편하게 누워 있던 길이 고개를 빳빳이 세웠다. 북한산 위문 직전에서 거친 숨을 몰아쉬며 걸음을 옮길 때처럼 가파른 길이 시작됐다. 부에노스아이레스에서 와인과 소고기에 중독된 몸이 얼마나 망가졌는지 테스트가 필요했다. 빠른 걸음으로 쉬지 않고 경사를 올랐다. 초반에는 그런대로 지구력이 남아 있는 것 같았다. 한 10분 걸었나? 반도 못 간 지점에서, 오뉴월 더위 먹은 개처럼 헐떡이며 끝날 줄 모르는 경사에 저주를 퍼붓는 나와 마주했다. 꾸역꾸역 발걸음을 떼며 어렵사리 뷰포인트에 올랐다.

이때 풍경보다 먼저 눈을 사로잡는 분이 계셨으니… 한 아주머니가 가부좌를 틀고 동양의 명상법을 몸소 실천하고 있었다. 중학교 시절 김용의 〈영웅문〉에 감화됐던 내게, 지그시 눈을 감고 단전에 손을 모으고 있는 아르헨티노는 신비함 그 자체였다.

그녀의 운기행공(運氣行功)에 방해가 될까 싶어 경공술의 일종인 까치발을 하고 살금살금 걸음을 옮겼다. 내 형편없는 경공술을 알아차렸을 테지만 그녀는 미동도 하지 않았다.

그녀를 뒤로하고 본격적으로 주변을 살폈다. 주목 군락지가 한눈에 들어왔다. 눈이 소복이 쌓인 한겨울 풍경을 상상하는 것만으로 즐거웠다. 텐트를 쳐놓은 호숫가가 아스라이 내려다보였다.

옥색 물결 위에 부서지는 햇살이 다이아몬드를 뿌려 놓은 것처럼 눈부셨다. 멀리 배 한 척이 보석같이 빛나는 물살을 가르며 이랑을 만들어냈다. 바릴로체 여행은 양파껍질같이 새로움의 연속이었다.

그 사이 운기행공을 마친 아주머니가 자리를 털고 일어났다. 반갑게 인사를 하고 그녀가 그윽하게 명상에 잠겼던 자리에 앉아 귀에 이어폰을 꽂았다.

"Spend all your time~ Waiting for that second chance~ For the break that will make it okay~" 사라 맥라클란(Sarah Mclachlan)의 '엔젤'이 흘러나왔다.

텐트로 돌아와 일용할 양식을 테이블 위에 하나씩 꺼내 올렸다. 사진을 찍고 보니 그럴싸해 보이긴 했다. 햇반과 참치캔 그리고 과일로 안주상을 차렸다. 미니 와인을 2병만 챙긴 게 후회막급이었다. 이 정도 풍경이면 알코올을 무한 흡입할 수 있을 것 같았다. 아쉬운 밤이었다. 그렇다고 더 먹을 게 있는 것도 아니었고, 다른 텐트를 덥석 찾아가 고기를 달라고 할 용기도 없었다. 어쩔 수 없이 입맛을 다시며 따뜻한 침낭 속으로 들어갈 수밖에.

눈을 떴다. 따사로운 볕이 서늘한 아침 공기를 타고 텐트를 비집고 들어왔다. 눈이 부셨다. 주섬주섬 옷을 챙겨 입고 텐트 문을 열고 밖으로 나갔다.

"앗!"

태양이 호수 위에 반짝이는 황금 비늘을 털어놓고 있었다.

알짜배기
바릴로체 트레킹 코스

●

　스위스 이민자가 개척한 바릴로체는 인구 10만 명 정도의 작은 도시로 아르
헨티나 최고의 휴양지로 손꼽힌다. 여름에는 트레킹·승마·카약을, 겨울에는
스키를 즐길 수 있다. 초콜릿으로 유명한 도시답게 초콜릿 상점은 늘 관광객
으로 북적인다.

　바릴로체는 여기서 소개한 캠핑장 말고도 여행자에게 천국 같은 길을 선사
한다. 이곳을 방문했다면 샤오 샤오 호텔(Llao Llao Hotel) 근처 쎄로 샤오 샤오
(Cerro Llao Llao, 1,056m)까지 걸어보길 강력 추천한다. 최고의 비경이 분명 감
동의 물결을 선사할 거다. 이 코스는 도심에서 샤오 샤오 호텔까지 버스가 운
행되기 때문에 접근도 용이하다.

　돌아오는 길에는 쎄로 오토(Cerro Otto), 쎄로 깜빠나리오(Cerro Campanario)
등에서 리프트를 타보자. 이곳에 오르면 바릴로체 산군이 파노라마처럼 펼쳐지
는데, 눈에 넣어도 아플 것 같지 않은 경치가 환상적이다. 전망대에는 휴게 시
설이 잘 갖춰져 있어 한껏 여유를 부려도 좋다. 여기서 마시는 커피 맛이란….

이렇게 트레킹과 전망대를 패키지로 묶으면 아주 괜찮은 하루짜리 코스가 완성된다. 단, 샤오 샤오 호텔 근처에서 트레킹을 즐기려면 도시락 준비는 필수다.

팁이 하나 더 있다면 바릴로체 1004 호스텔 근처 공원에서 파는 남미식 햄버거 추라스꼬(Churrasco)를 꼭 맛보길 바란다. 분명 그 맛과 양에 탄복하게 될 거다.

동화 마을 푸콘에서
화산 썰매 타기

동화 속에 들어와 있는 듯한 착각을 불러일으킨다는 칠레의 작은 마을 푸콘 (Pucon)으로 향했다. 푸콘은 파타고니아 지역은 아니었지만, 루트상 이번 여행에서 꼭 가봐야 할 곳이었다. 바릴로체~오소르노(Osorno)~푸콘은 11시간 거리였다. 버스 가격은 180페소.

버스가 바릴로체를 벗어나 슬슬 오르막 구간으로 접어들었다. 바릴로체~칠레 국경 구간은 산수화 같은 절경으로 입소문이 자자했다. 출발부터 기대가 큰 여정이었다. 창밖으로 바릴로체 산군이 한눈에 들어왔다. 기차를 타고 있었으면 꼭 스위스 어디쯤이라 해도 믿을 만한 풍광이 계속됐다. 아기자기한 집들이 긴 버스여행의 지루함을 달래주었다.

화산으로 유명한 오소르노에서 버스를 갈아타고 푸콘에 도착한 시각은 어스름한 저녁 8시쯤. 버스에서 내리자 호스텔 주인들이 여행자 환영식을 준비 중이었다. 외로운 여행길에서 그들의 영혼 없는 환영인사는 전혀 위안이 되지 못했지만, 일단 어렵게 숙소를 찾는 수고는 덜 수 있다. 푸콘은 들은 대로 참

아담한 마을이었다. 여기저기 들쑤시고 돌아다녀봤자 숙소 선택폭은 넓지 않았다. 마침 사전 조사해 놓은 '백패커스'란 숙소의 주인아저씨를 만났다. 주인아저씨는 여행자 숙소계 휴머니스트였다. 여행자의 고단한 삶을 100퍼센트 이해했는지 터미널 바로 옆 건물에서 호스텔을 운영 중이었다. 이동 시간은 고작 20초. 여행 중 최단 시간 숙소 찾기란 기록을 세우는 순간이었다. 다행인지 불행인지 손님이 많지 않았다. 혼자서 2인실을 쓰는 행운이 기다리고 있었다. 가격은 하루 6,000페소. 당시 환율로 15달러 정도였다.

배낭을 아무렇게나 내팽개치고 근처 슈퍼마켓에서 스파게티 재료를 사와 와인 한 잔으로 저녁을 먹었다. 5,000원짜리 까베르네 쇼비뇽을 집어 들었는데 역시 기대를 저버리지 않았다.

칠레는 한국과 FTA를 체결하면서 인지도가 높아진 나라 중 하나. 그 덕에 칠레 와인을 값싸게 즐길 수 있게 됐다고 생각하지만, 현지에 와보니 칠레 와인을 얼마나 비싸게 마시고 있는지 사리분별이 정확히 됐다.

푸콘에 온 지 나흘째 아침. 비야리카(Villarrica, 2,847m) 화산 트레킹을 위해 오전 5시 40분쯤 일어나 목욕재계로 난생처음 활화산을 대하는 몸과 마음을 가다듬었다.

칠레는 세계에서 가장 긴 나라로 유명하다. 동시에 화산의 나라이기도 하다. 칠레에는 3,000여 개의 화산이 있고, 비야리카를 포함해 이 중 500개가 분출 가능성이 있다고 한다. 비야리카 화산 트레킹은 왕복 7~8시간 코스.

화산 트레킹은 으레 능선이 적고 오르막이 대부분이다. 비야리카도 마찬가지였다. 꽤 열량이 필요한 하루였다. 새벽 댓바람부터 들어가지 않는 음식을 차곡차곡 위장 안에 챙겨 넣은 뒤 날씨를 보기 위해 밖으로 나갔다.

"음흠…." 하늘은 꼭 만성변비 환자처럼 잔뜩 찌푸려 있었다. 사실 전날 트레킹을 하려고 했지만, 비가 내리는 바람에 하루를 공쳤다. 어쨌든 오늘은 트레킹이 가능하다고 했다.

숙소 앞에 버스가 도착했다. 다른 숙소에서 픽업을 먼저 했는지 버스에는 콜롬비아 커플, 스페인 아주머니 2명 그리고 국적을 알 수 없는 동양인 한 명(중국인으로 추측)이 앉아 있었다. 차에 앉아 있자 지각의 미안함은 아침 수프와 함께 말아 드신 이스라엘 커플이 차에 올랐다. 어느 여행기에선 이스라엘 여행자와 잘도 다니던데 난 가는 곳마다 이스라엘 족속과는 뭔가 잘 맞지 않았다. 그들은 어딜 가나 나사 풀린 진상질로 내 기대를 저버리지 않았다. 몇 년 전 토레스 델 파이네가 화마(火魔)에 휩싸인 이유도 개념을 집에 두고 온 이스라엘 여행자가 저지른 짓 아니던가(이스라엘 여행자에 대한 평가는 무척 주관적이니 딴지는 정중히 사절합니다.).

비야리카 입구에 도착했다. 가이드는 돌연 낯빛을 바꾸더니 리프트를 이용하려면 7,000페소를 더 내야 한다고 말했다. 타기 싫은 사람은 2시간 정도 더 걸어야 한다는 말도 덧붙였다. 거의 반강제나 다름없는 요구였다. 리프트를 타지 않으면 정상까지 7시간이 걸린다는 이야기였다. 모두 리프트를 타겠다고 했다. 사전 조사로 알고 있던 내용이었지만, 트레킹 전에 이런 설명은 없었다. 트레킹 투어비용 3만 5,000페소 + 리프트 7,000페소면 100달러짜리 투어였다.

리프트에 오르자 발아래로 듬성듬성 녹다 만 눈이 느릿하게 뒷걸음질 쳤다. 스키장을 거슬러 올라가는 리프트는 구름 속에 앉아 있는 것 이상도 이하도 아닌 지루함 그 자체였다. 리프트에서 내리자 먼저 출발한 다른 팀이 먼발치

서 열을 지어 구름 속으로 희미하게 사라지는 모습이 보였다. 갑자기 본전 생각이 났다. 구름 보자고 100달러나 주고 비야리카를 찾은 건 아닌데, 내 운도 다한 모양이었다. 마음 같아선 투어 비용을 돌려달라며 이스라엘 여행자 버금가는 진상을 떨고 싶었다.

"바모스!(Vamos, 갑시다)"

가이드는 이런 내 기분을 전혀 개의치 않고 힘차게 출발을 알렸다. 우리 일행도 열을 지어 걷기 시작했다. 얼마 걷지도 않았는데, 이스라엘 커플이 뒤처지기 시작했다. 조용히 뒤따라오면 될 것을 그들은 자꾸만 가이드를 불러 팀 전체를 멈춰 세웠다. 그 덕에 짧은 주기로 불필요한 휴식이 주어졌다. 국적을 알 수 없는 거구의 동양인도 이스라엘 커플과 자연스레 그룹을 형성했다. 우리는 시작부터 다국적팀의 개성을 유감없이 발휘해 내고 있었다. 가이드를 온전히 따라가고 있는 건, 콜롬비아 커플과 스페인 아줌마 2명 그리고 나뿐이었다.

"헉~ 헉~"

한 시간 정도 산을 오르자 암흑 같은 세상이 차츰 밝아졌다. 언뜻언뜻 구름이 바람에 날리며 하늘을 보여줄 듯 말 듯 애간장을 태웠다. 그러다 희미한 구름 조각이 일순간 바람에 흩어지며 한방에 시야가 트였다.

"와~아~앗!"

순식간에 열린 하늘은 실비단 같았다. 발아래로 우리 팀이 뚫고 올라온 구름이 잔바람에 넘실대며 장관을 연출했다. 운해와 파란 하늘의 경계에서 휴식이 주어졌다. 그리고 운명을 결정짓는 중대 결정도 이때 내려졌다. 정체불명의 동양인은 뒤도 안 돌아보고 하산을 결정했고, 이스라엘 커플은 자기들끼리 트레킹을 하겠다며 일방 통보를 했다. 기대를 저버리지 않는 이스라엘식 커뮤니케이션이었다.

"바모스!" 가이드는 인원 정리가 되자 다시 출발을 독려하며 머리 위에 보이는 까마득한 봉우리를 넘어야 진짜 정상이 보인다고 했다. 오르막이 이어지는 단조로운 길이 계속됐다. 눈길은 미끄러웠다. 오랜만에 허벅지에 알알한 통증이 느껴졌다. 체력 소모가 컸다. 앞사람 발뒤꿈치만 보며 3시간을 걷고 후다닥 점심을 먹었다. 그나마 올라온 길을 내려다보며 먹는 점심은 본전 생각을 싹 지울 만큼 훌륭했다.

다시 눈길을 걷는 고된 트레킹이 시작됐다. 풍경의 변화를 느끼지 못한 채, 무념무상의 시간이 흐르고 있었다. 먼저 출발한 팀이 까마득한 거리에서 꼼지락대는 미니어처처럼 보였다.

그렇게 2시간 더 끝날 것 같지 않은 경사를 오르자 갑자기 산이 거친 숨을 토해내기 시작했다. 무엇 때문인지 기분이 상한 바람은 사정없이 허공을 할퀴고 있었고, 태양은 자외선 강도를 높이며 피부를 태웠다.

거칠게 몸을 밀치는 바람을 뚫고 막바지 비지땀을 흘리자 거짓말처럼 정상이 코앞에 다가왔다. 후들거리는 다리에 힘을 주고 마른 숨을 내뱉으며 마지막 고개를 넘었다. 이제 열 걸음이면 정상에… 그 순간,

"으흑! 웩! 뭐야 이게!"

등정의 기쁨을 누릴 새도 없이 매캐한 가스가 콧속 점막에 엄청난 충격파를 던졌다. 연탄이 한 100개쯤 타고 있는 곳에서 숨을 쉬고 있는 것 같았다. 반사적으로 고개가 돌아갔고, 화산 가스를 피해 달리기 시작했다. 정신을 차리고 주변을 돌아보니 '뜨아~악' 방독면을 착용한 트레커가 눈에 띄었다.

그 사이 팀원들이 하나둘 정상에 도착했다. 그들도 독가스를 들이켰는지 내가 있는 곳으로 달리기 시작했다. 화산은 폭죽 대신 모락모락 유독가스를 내뿜으며 우리의 정상 등극을 축하했다.

분화구 안은 엄청난 연기와 열기로 괴기스럽게 물들어 있었다. 그 속에 정확히 무엇이 있는지 보이진 않았지만, 겉으로 보기엔 꼭 지옥으로 통하는 문 같이 음산한 분위기를 연출했다.

멀리 운해 위로 화산 특유의 봉긋 솟은 봉우리가 도열한 모습은 생경했다.

고진감래(苦盡甘來)라고 했던가. 곧이어, 등정에 성공한 트레커만이 누릴 수 있는 진짜 놀이가 기다리고 있었다. 올라올 때 가져온 플라스틱 썰매를 엉덩이에 대고 직각에 가까운 비탈진 경사 앞에 섰다.

"바모스!" 가이드가 신호를 내렸다.

눈썰매를 타고 구름 속으로 활강을 시작했다.

…바모스, 가이드는 이 한마디로 모든 감정을 표현해 내는 놀라운 재주가 있었다.

1. 푸콘은 화산지대에 있는 마을로 주변에 크고 작은 온천이 많다. 여행자 사이에선 로스 포소네스(Los Pozones) 온천이 잘 알려져 있는데 푸콘에서 30여 킬로미터 떨어져 있다. 1만 5,000페소면 온천투어를 이용할 수 있고 달빛과 별빛을 보면서 노천욕을 즐길 수 있다는 게 매력이다. 혼자 버스를 타고 찾아가면 9,000페소 정도에 온천욕을 할 수 있지만 막차 시간 전에는 해가 지지 않는다는 단점이 있다. 온천 가는 버스는 센뜨로 버스 정류장에서 하루 4~5회밖에 운행하지 않는다. 시간 확인은 필수다.

2. 시장만큼 사람 냄새가 진하게 풍기는 곳도 없다. 여행을 하다보면 해당지역 대표 재래시장은 언제나 큰 볼거리를 제공한다. 서민의 생활상과 문화를 엿볼 수 있는 장소로 이만한 곳도 없다. 그런 의미에서 대형마트가 골목상권까지 치고 들어온 우리의 상황은 뭔가 뒷맛이 개운치 않다.

각설하고, 푸콘에서 그리 멀지 않은 발디비아(Valdivia)에 가면 수산물 시장이 있는데 가격이 정말 착하다. 치고받고 흥정할 것도 없이 홍합 1킬로그램 1,000원, 게 3마리 2,000원, 성게 하나 1,000원… 각종 해산물이 상상할 수 없는 가격에 날개 돋친 듯 팔려 나간다. 어디 그뿐인가. 시장 주변으로 바다사자가 한가로이 망중한을 즐기는 모습 또한 놓칠 수 없는 풍경이라고.

칠레에서
내가 가장 가슴 졸인 일

●

바릴로체에서 얼마 멀지 않은 아르헨티나 출입국관리소에 내려 간단히 출국 수속을 밟고, 다시 버스에 올랐다. 국경을 넘자마자 칠레 출입국관리소가 나왔다. 검역관은 버스에 실린 짐을 모두 꺼내라고 했다.

잘 훈련된 개 한 마리가 가방 하나하나를 빠짐없이 살폈다. 승객 모두가 긴장한 눈치였다. 뱃속에 든 것 말고는 날 것 대부분이 넘어갈 수 없는 땅 칠레. 내 배낭 안에는 라면·햇반·참치캔 등이 들어 있었다. 모두가 밀폐된 포장음식이었기 때문에 그나마 마음이 놓였다. 하지만 까다로운 검역으로 소문이 자자한 칠레 국경에선 어떤 일이 벌어질지 예측할 수가 없었다.

"킁킁. 킁킁."

냄새를 맡던 개가 귀여운 앞발 차기로 가방 하나를 툭 건드렸다. 개가 지목한 배낭에선 양파 두 쪽이 나왔다. '크크크.' 마약 같은 엄청난 게 튀어나오리라 기대했는데 고작 양파 쪼가리라니⋯ 피식 웃음이 나왔다. 한편으론 배낭 주인의 알뜰한 여행 기술에 내심 존경심이 들었다.

잠시 뒤 치과 의사를 기다리는 심정으로 엑스레이 기계에 배낭을 넣었다. 검역관은 기계를 빠져나온 내 배낭을 매의 눈과 사자의 발톱으로 낚아챘다. 순간 쭈뼛하고 신경이 곤두섰다.

검역관은, 정말 다신 경험하고 싶지 않은 배낭 뒤집기를 시작했다. 양파 쪼가리는 내 처지에 비하면 아무것도 아니었던 셈이다. 파키스탄 출국 이후 두 번째로 배낭 안의 모든 짐이 테이블 위에 올려졌다. 적나라한 속살이 수십 명의 사람들 앞에 그 실체를 드러낸 것.

검역관은 널브러진 짐을 헤집으며 빨간색 포장에 매울 '신'(辛) 자가 인쇄된, 그들로서는 도대체 알아먹을 수 없는 봉지 하나를 집어 들었다. 라면으로 인한 트라우마는 세계 일주 1막에 소개된 킬리만자로 트레킹으로 거슬러 올라간다. 그런데 이번엔 라면 요리법이 문제가 아니고 아예 압수당할 절체절명의 위기였다.

'된장!'

검역관은 거의 가루가 된 채 부스럭거리는 라면이 못 미더운지 봉지를 꼼꼼히 살폈다. 봉지는 고도 때문에 약간 부풀어 올라 순간 빵 하고 터질 것처럼 위태위태했다.

그동안 알토란 같은 라면을 '뿌셔뿌셔'로 만들지 않기 위해 얼마나 노력했던가. 짐을 꾸릴 때는 예민한 전자기기 다루듯 배낭 안 제일 좋은 곳에 자리를 마련해주었고, 봉지가 터지는 걸 막으려고 옷가지로 푹신한 쿠션도 깔아주었다. 이렇게 허무하게 인연을 끝내고 싶진 않았다. '일이 이렇게 될 줄 알았으

면 뱃속에 모셔 두는 건데….'

검역관은 빨간색 봉지를 요리조리 돌려보더니 옆에 있는 상사에게 '어떻게 하죠?' 하고 묻는 눈치였다. 상사는 내게 "이게 뭐냐?"고 물었고, 난 최대한 공손한 말투와 서글서글한 표정으로 "인스턴트 누들."이라고 짧게 답했다. 라면을 건네받은 상관이 라면 봉지를 재차 흔들었다. '솨아, 솨아' 라면 부스러기가 바위에 부서지는 파도소리처럼 울렸다. 이것들아 고만 흔들어 터진단 말이야, 라고 소리치고 싶었지만, 목소리가 나올 턱이 없었다. 잠시 생각에 잠긴 검역관은 "인스턴트 누들?"이라며 재차 물었고, 질문이 채 끝나기도 전에 난 "예, 예, 예! 코리안 인스턴트 누들!" 하고 반색하며 답했다.

검역관은 의심의 눈초릴 거두지 못하고 다시 시선을 라면으로 옮겼다. 난 수능 성적표를 기다리는 초조한 심정으로 그의 일거수일투족을 놓치지 않았다. 그때였다.

"패스." 그는 빵빵해진 라면 봉지를 내 옷가지 위에 내려놓으며 무심하게 말했다.

"무챠스, 무챠스, 그라시아스!(너무 너무 감사합니다)" 진심 레알 감사의 마음으로 서둘러 인사하고, 입을 벌리고 있는 배낭에 무식하게 짐을 쓸어 넣었다. 다른 걸 트집 잡을지도 모르는 상황에서 패킹을 똑바로 할 여유가 없었다. 그렇게 거의 가루가 된 라면 한 봉지를 냉가슴에 끌어안고 국경을 넘었다.

쉬운 남자도 모자라
허당까지!

　비야리카 트레킹 다음 날, 뿌에르또 몬트(Puerto Montt)행 버스에 몸을 실었다. 버스는 오소르노와 발디비아를 거쳐 남쪽으로 향했다. 창밖으로 오소르노 화산이 완벽한 좌우 대칭을 뽐내고 있었다.

　푸콘 출발 6시간 만에 뿌에르또 몬트에 도착했다. 운 좋게도 터미널에서 두 명의 한국 여성 여행자를 만났다. 그들은 나보다 연상이었고, 솔로였다. 우리는 현지에서 호스페다헤(Hospedaje)라 불리는 민박과 비슷한 형태의 숙소 까사 뻬르라(Casa Perla, 주소 Trigal 312)로 향했다. 호스페다헤는 현지 생활상을 직접 경험해 볼 수 있다는 점에서 흥미로운 숙박 형태다. 하지만 주머니 사정이 넉넉지 못한 배낭여행자에겐 이도 비쌀 때가 많았다. 실제로 까사 뻬르라 5인실 가격은 8,000페소였는데 당시 환율로 거의 20달러에 육박했다(칠레 물가는 사악 그 자체다. 담배 한 갑에 5,000원이 넘기도 했다. 아르헨티나에서 칠레로 갈 흡연자들이여! 담배는 꼭 아르헨티나에서 사 가길!). 비장한 각오로 주인아주머니와 협상을 벌였다.

"Señora~ Muy Caro! Descuento, Por Favor~(아주머니, 너무 비싸요. 좀 깎아 주세요.)"

한 달간 스페인어를 공부하면서 가장 자신 있게 말할 수 있는 문장이었다. 스페인어로 'I love you'는 몰라도 이런 현실적 문장은 머릿속에 제대로 자리 잡고 있었다. 이 문장이야말로 내 남미 여행의 필살기였다.

하지만 주인아주머니는 예상했다는 듯 매몰차게 "NO."란 한마디로 내 필살기를 묵사발 내버렸다. 애교 섞인 내 간곡한 청을 단칼에 거절해 버린 아주머니는 미동도 없는 안광으로 내 흔들리는 눈망울을 압박해 왔다.

간사함의 극치를 보여준 이집트션들이 내게 가르쳐준 교훈이 있다면 바로 이럴 땐 뻔뻔해져야 한다는 거. 압박이 들어오면 탈압박으로 벗어나야 했다. 그냥 달라는 대로 주는 건 내 세계 일주 반의 경험이 아무짝에도 쓸모없는 여정이었단 소리나 마찬가지였다.

당당한 표정을 순식간에 거두고 최대한 공손하면서 비굴하지 않은 약자의 미소로 두 손을 모으고 영어의 'Please' 격인 "Por Favor~"를 반복했다.

역시 효과가 있었다. 찔러도 피 한 방울 안 나올 것 같던 아주머니가 피식 웃는 게 아닌가. 연타 공격이 필요한 찬스였다. "Por Favor~ Señora~" 아양 떠는 어투에 눈웃음을 더해 아주머니의 사리 분별력을 흩트려 놓았다. 거기다 약간의 스킨십까지.

"7,000!" 아주머니는 더는 못 깎는다는 근엄한 표정으로 마지막 가격을 불렀다. 나도 더는 깎고 싶지 않았다. 이 정도면 누가 봐도 나쁘지 않은 네고였다.

숙소를 잡고 한국 누나들과 함께 앙헬모(Angerlmo) 시장 구경에 나섰다. 이곳에선 칠레 전통요리 꾸란또(Curanto)를 먹는 게 정석. 꾸란또는 해물·고기 등을 섞어 만든 칠레식 해물찜 정도 되는 음식이다. 가격은 보통 한 그릇에 4,000페소.

시장에 들어서자마자 호객꾼이 달려들었다. 그는 정보대로 4,000페소에 흥정해 왔고, 난 우리 팀을 대표해 3,500페소로 가격을 깎았다. 적당한 네고여서 별 거부감 없이 'OK'를 하려고 했다. 이 정도면 윈–윈 아니겠는가.

"3,500페소면 적당하네요. 여기서 먹죠?" 그런데 누나들은 선뜻 대답이 없었다.

"싫으세요? 배고픈데 빨리 드시죠?"

"아이고~ 이 남자 쉬운 남자였네."

"헐~ 네~엣! 이… 무슨….."

내가 누구란 말인가. 말 한마디 안 통하는 중국 차마고도와 실크로드, 그것도 모자라 육로로 카라코람하이웨이를 넘어 파키스탄을 여행한 사람 아니던가. 그리고 중동을 거쳐 아프리카를 홀로 돌아다닌 건 어떻고. 이것뿐이랴, 이집션의 간교한 사기술에 한 번도 덤터기 맞지 않은 철벽 방어율은 타의 추종을 불허했다. 탄자니아에선 말라리아에 걸려 이승과 저승을 가르는 레테(Lethe, 그리스 신화에 나오는 사후세계 강으로 망자의 영혼이 이 강물을 마시면 과거 기억을 모두 잊게 된다.)까지 갔다 살아 돌아오지 않았던가. 그런데 쉬운 남자라니! 이런 된장할!

전혀 예상치 못한 공격성 짙은 이 한마디가 가슴 한복판에 지긋이 박혔다. 내가 A형 같은 B형 남자라는 사실과, 그녀들이 예쁘장한 외모와 달리 입에 가시가 돋친 여자란 사실을 피차 알아보지 못한 결과였다.

그녀들은 오랜 홀로서기로 얻은 삶의 지혜를 십분 발휘하며 3,500페소를

3,000페소로 깎아 내는 놀라운 수완을 발휘했다. '이집션을 뛰어넘는 슈퍼 울트라 네고 고수는 내가 아닌 한국 노처녀였단 말인가.'

그녀들은 초절정 네고 실력을 뽐내기라도 하듯 의기양양한 표정으로 호객꾼을 따라나섰다. 조용히 그녀들의 그림자를 쫓았다. 그리고 난 그녀들의 등 뒤에서 '500페소짜리 굴욕감'을 맛봐야 했다. '되~엔~장!' 속에선 볼멘소리가 터져 나왔다. 일단 그녀들과 맛있게 식사를 하려면 평정심 유지가 먼저였다.

잠시 뒤 큰 대접에 해산물과 닭다리 등 육·해 진미가 푸짐하게 담긴 꾸란또가 모습을 드러냈다. 김이 모락모락 피어오르는 먹음직스런 음식을 보고 있자, 조금 전 모멸감이 새털처럼 가볍게 사라졌다. 좁은 테이블 한쪽에 연어 튀김 한 접시도 자리를 잡았다. 갓 튀긴 연어는 두껍지 않은 춘추용 옷을 적당히 껴입고 바싹 구워져 있었다. 뜨겁게 달궈진 연어 위에 라임즙을 뿌려주니 상큼한 향이 더해지면서 식욕을 용솟음치게 했다.

서둘러 한마디씩 맛을 평가하곤 특별한 이야기 없이 배를 채우는 데 열중했다. 해산물의 짭조름한 맛과 식감이 입안에서 굿거리장단을 시작했다. 칠레 해산물 요리는 거부감 없이 혀끝에 착착 감기며 식도락 여행의 진수를 맛보게 했다. 순식간에 테이블 한쪽에 갑각류와 패류 무덤이 만들어지고, 나체가 된 연어는 앙상한 뼈를 드러냈다. 게 눈 감추듯 한 끼 식사를 해치우자 포만감이 차올랐다. 우린 말없이 주섬주섬 돈을 꺼내 셈을 치렀다.

식욕을 잠재우고 일행과 수산 시장 구경에 나섰다. 누나들이 사진을 찍어 달라면 비위를 맞추는 척 방긋 웃으며 셔터를 눌렀다. 배가 부르자 까칠한 그녀들의 기분도 한결 보들보들해져 있었다. 시장에선 저녁 찬거리를 사기로 했다. 조금 전 굴욕을 만회할 수 있는 좋은 기회였다.

"Señora~ Soy Estudiante. Descuento, Por Favor~(아주머니, 저 학생이에요. 좀 깎아 주세요.)"

내가 할 수 있는 가장 완벽하면서 간곡한 스페인어 뻥이었다. 꾸란또 네고에서 입은 내상을 보란 듯 치유하고 싶었다.

아프리카 여행이 좋았던 딱 한 가지 이유는 내 나이를 무척 어리게 본다는 사실이었다. 에티오피아에선 날 20대 초반으로 본 사람도 있었다. 남미라고 상황은 별반 다르지 않았다. 이런 그들 눈에 학생이란 말이 전혀 설득력 없는 건 아니었다. 표정은 최대한 비굴하게, 몸짓은 최대한 의욕 없게, 눈빛은 최대한 애절하게 유지하는 게 포인트였다. 매번 이 전략이 먹히는 건 아니었지만, 그런대로 남미 여행에서 유용한 문장이었다.

그런데 가게 아주머니의 대답을 듣기도 전에 귓구멍을 후벼 파는 한마디가 날 아연실색하게 만들었다.

"아니, 네고를 한다더니, 고작 그게 다예요?" 누나들이 비릿한 웃음으로 날 흘겨보며 말했다.

"아… 그게…." 더는 할 말이 없었다. 그녀들의 이 한마디가 고막을 뚫고 뒷골까지 파고들어 뇌 깊숙이 박혔다. 저렴한 스페인어를 나불대던 세 치 혀가 그대로 자신감을 잃고 목구멍 속으로 말려들었다.

그녀들 입에선 유창한 스페인어가 튀어나왔다. 그렇게 스페인어를 잘하시면 처음부터 네고를 하시던지, 라고 쏘아붙이고 싶었지만 이미 분위기는 요단강을 건넌 뒤였다. '터벅터벅' 해산물 봉지를 들고 그녀들의 뒤를 따라나섰다.

'쉬운 남자에다 완전 허당이었네, 그랬네! 그랬어!'

뿌에르또 몬트 ~ 뿌에르또 나탈레스 교통편

뿌에르또 몬트에서 뿌에르또 나탈레스(Puerto Natales)까지 비행기를 이용할지, 나비막(Navimag) 페리를 탈지 고민이 많았다. 버스가 있긴 했지만, 이동시간이 너무 오래 걸린다는 단점이 있었다. 남미 여행 고수들에게 조언을 구했더니, 저가항공을 타는 게 시간과 비용 모든 면에서 가장 합리적인 대안이란 답변을 얻었다. 특별한 여행을 원한다면 나비막 페리도 좋은 선택이 될 수 있다.

푸콘의 한 여행사에서 칠레 저가항공 '스카이에어라인'을 취급하고 있었다. 비행기 가격은 뿌에르또 몬트에서 푼타아레나스까지 150달러 정도. 가장 싼 나비막 페리 티켓의 3분의 1 가격이었다. 나비막 페리를 타려면 출발 일정에 맞춰 일주일간 뿌에르또 몬트에 머물러야 했다. 가장 싼 티켓을 구한다고 쳐도 체류비용까지 더하면… 이건 아니 될 말이었다. 깔끔하게 페리를 포기하고 신속하게 항공권 발권을 마무리 지었다.

화물선을 개조한 나비막 페리는 뿌에르또 몬트에서 뿌에르또 나탈레스까지 1,900킬로미터에 이르는 촘촘한 빙하 피오르 사이를 3박 4일간 운행한다. 세상에서 가장 긴 페리 노선인 셈이다. 특히 BBC가 선정한 세계에서 가장 아름다운 페리로 이미 유럽 여행자 사이에서 큰 인기를 끌어 왔다.

나비막 페리 선실은 총 7등급으로 나뉘는데, 그중 가장 비싼 CABIN AAA 싱글룸은 2,000달러(더블 1,050달러)가 넘는다. 반면 가장 싼 선실 Cabin C는 450달러다.

나비막 페리를 타려면 무엇보다 사전 예약을 통해 일정을 맞춰 시간 낭비를 최소화하는 게 중요하다. 예약은 나비막 페리 홈페이지(www.navimag.

com/site/en)에서 가능하다. 팁이 있다면 와인이나 맥주 등의 부식을 왕창 챙겨 배에 오르라는 것. 선내에서 파는 와인은 무척 비싸단 전언이다.

참고로 푼타아레나스는 다양한 수식어가 붙어 있는 곳이다. 파나마 운하가 만들어지기 전까지 호황을 누렸던 곳, 남극의 관문, 마젤란 동상의 발을 만지면 이곳에 다시 오게 된다는 전설이 있는 곳, 토레스 델 파이네 트레킹을 위해 많은 여행자가 스쳐 지나가는 땅, 펭귄을 볼 수 있는 곳, '세상의 땅 끝'이란 타이틀을 놓고 아르헨티나 우수아이아와 다투고 있는 곳….

무엇보다 푼타아레나스는 과거 전 세계 뱃사람들이 몰려들던 곳으로 유명하다. 한때는 하루가 다르게 번창을 거듭하며 많은 상점과 술집들로 밤새 불이 꺼지지 않는 동네였다. 그러다 1914년 파나마 운하가 개통되면서 쇠퇴의 길을 걷게 된다. 칠레 정부는 현재 푼타아레나스를 특별 면세지역으로 지정해 놓고 있다. 만약 파타고니아 여행 중 바람막이 등의 아웃도어 의류가 없다면 푼타아레나스 면세 쇼핑점을 찾아가 보는 것도 방법이다.

하지만 내게 푼타아레나스는 두 발로 걸을 수 있는 게 엄청난 축복이란 걸 알려준 도시다. 뿌에르또 몬트에서 푼타아레나스까지의 비행은 그야말로 목숨을 내건 곡예 수준이었다. 비행 중 경험한 마젤란해협의 바람은 내 인생 모든 여행을 통틀어 한마디로 최악이었다.

남미 땅끝엔
라면집이 있다

아담한 푼타아레나스 공항, 안내센터를 찾았다.

"뿌에르또 나탈레스(토레스 델 파이네 트레킹의 거점 도시)로 가는 버스가 있느냐?"고 물으니 "잘 모르겠다."란 실미지근한 답변이 돌아왔다. 안내센터 직원은 버스 노선도, 택시 가격도 몰랐다. 그냥 택시를 잡아타고 시내로 가면 된다는 말뿐이었다. 한심하기 짝이 없었다. 밖에 나가 직접 부딪치는 수밖에. 물어물어 버스에 올랐다. 버스 유리창 너머로 바다와 하늘이 보였다. 진청색 바다는 어딘가 모르게 허전해 보였고, 땅에 닿을 듯한 낮은 구름과 파란 하늘은 유리병 속에 넣어 다시 꺼내보고 싶을 정도로 눈부셨다.

푼타아레나스 콜론 거리 한쪽에 있는 버스회사(Pacheco)에서 오후 6시 버스를 예약했다. 그제야 경악스러운 비행 뒤 곤두섰던 맥이 탁 하고 풀리며 안도감과 허기가 찾아왔다. 푼타아레나스에 있다는 라면집을 찾아야 했다. 다행히 버스회사 직원이 라면집 위치를 알고 있었다. 멀지 않은 곳에서 빛바랜 '辛라면' 간판이 바람에 흔들리고 있었다. 여행 중 이런 순간이 오면 꼭 보물찾기 게

임 속 주인공이 된 듯했다.

"안녕하세요. 라면 좀 먹으러 왔어요." 헌걸차게 가게 문을 열고 들어갔다.

"어서 와요. 여기 어떻게 알고 왔어? 지금 한국사람 올 시기도 아닌데… 아주 단골손님처럼 들어오네."

"하하, 인터넷에서 유명한 곳이던데요. 와! 여기 짬뽕라면도 있네요. 진짜 짬뽕은 없겠죠? 암튼 저는 짬뽕라면요!"

옆 테이블에 앉아 있던 칠레 군인들이 흘깃흘깃 날 쳐다봤다. 라면이 끓기 시작했다.

"파 좀 넣어줄까?"

"파요? 좋죠!"

"그치, 라면엔 파가 들어가야 해."

라면집 주인아저씨와 난 마치 이 동네의 길고 긴 적막과 공허를 깨뜨리고 싶은 사람들처럼 수다스럽게 이야기를 주고받았다. 잠시 뒤 노란 양은냄비 안에 소담스럽게 몸을 풀어헤친 라면이 테이블 위에 놓였다. 자극적인 매콤한 냄새가 순간 흥분을 더했다. 따끈한 국물이 식도를 간질이며 지나갔다. 나트륨 함량 따위는 신경 쓸 게 아니었다. 막혔던 속이 그대로 녹아내리는 기분이었다. 타는 듯한 작열감이 위장으로 퍼졌다. 잠시 뒤 설거지를 따로 할 필요도 없이 사발이 말끔하게 비워졌다.

라면 가게 벽은 이곳을 방문한 한국인의 이름 석 자로 빼곡했다. 사람들의 필체에선 지구 반대편에서 라면집을 발견한 행복감이 느껴지는 듯했다. 자연은 빈 공간을 그대로 내버려두지 않는다고 했다. 여행자들도 칠레의 땅끝에서 하얀 벽면의 쓸쓸함을 견디지 못한 것 같았다. 나도 그들처럼 펜을 들고 빈 공

간을 찾았다. 천장 구석 한쪽에 내 이름 석 자를 남겼다.

라면을 먹고선 푼타아레나스 중심부에 있는 마젤란 동상 앞에 섰다. 인류 최초의 세계 일주자 마젤란이 바다를 지긋이 바라보고 있었다. 그리고 또 한 명의 세계 일주자가 그를 올려다보고 있었다. 목숨을 내건 그의 모험에 비할 건 아니었지만 묘한 동질감과 아련함이 전해졌다. 물론 동전의 양면처럼 그가 저지른 학살도 떠올랐지만….

마젤란 동상의 구두 한 쪽이 자체 발광하는 것처럼 반짝였다. 이 발을 만진 사람은 다시 이곳을 찾게 된다고 했다. 발을 만진 그들 중 이곳을 다시 찾은 사람이 몇이나 될까. 아마 내가 그랬듯 그들 역시 마지막이란 심정 아니었을까.

해변을 향해 걸음을 옮겼다. 풍경은 어딘가 모르게 스산했고 해지고 깨진 채 어깨를 맞댄 집들은 시간의 무게를 힘겹게 버텨내고 있었다. 햇살이 골목 안을 설핏 비추고 있는 모습에선 과거의 영화가 떠올랐다. 두리번거리는 여행자의 긴 그림자가 골목 안을 채웠다. 그림자 끝엔 바다가 서걱거리고 있었다. 심상치 않은 바람이 바다를 서성이다 뱀처럼 몸을 휘감으며 지나갔다. 눈앞에 하얀 포말이 높은 파도를 타고 떠밀려 내려오는 먹먹한 바다가 펼쳐졌다.

'걷다 보니 남미였어, 그래 걷다 보니 세상의 땅끝이었어….'

남극의 관문 푼타아레나스

매년 11월 말부터 이듬해 1월 사이 푼타아레나스에선 남극 최고봉 빈슨 매시프(Vinson Massif, 4,897미터) 등반을 위해 전 세계에서 몰려든 트레커들을 심심치 않게 만날 수 있다.

남극 최고봉 등정을 위해선 푼타아레나스에서 비행기를 타고 패트리어트 힐(Patriot Hill) 남극 기지로 간 후, 다시 빈슨 매시프 베이스캠프까지 항공편으로 이동해야 한다. 날씨에 따라 비행기가 뜨지 못하는 일이 많아 날짜를 넉넉하게 잡는다. 실질적으로 등정에 필요한 일정은 일주일 정도지만, 한국에서 출발해 귀국하기까지 한 달 정도 걸린다. 비용도 만만치 않다. 길이 50킬로미터, 폭 15킬로미터에 달하는 거대한 빈슨 매시프 등정에는 4,000만 원(항공편, 숙식, 장비, 가이드 포함) 이상이 든다.

우리나라에선 1985년 11월 29일, 허욱, 이찬영, 허정식 대원이 세계에서 6번째로 등정에 성공했다.

최악의
無개념녀 이야기

●

이 이야기는 여행 중 만난 어느 여성 여행자와 있었던 일을 재구성한 것이다.

#1

나와 無개념녀 그리고 개념녀 이렇게 셋이 비바람 불던 날 저녁을 먹기 위해 숙소를 나섰다. 참고로 모두 이날 처음 보는 사이였다. 난 우산이 없어 고어텍스 의류로 중무장했다. 트레킹 중 비를 만나면 우산보다는 두 손이 자유로운 방수 옷이 여러모로 편했다.

반면 無개념녀와 개념녀는 우산을 하나씩 들고 있었다. 아무 말 없이 걷고 있던 나에게 無개념녀가 말했다.

"아래위로 기능성 의류를 다 입으셨네요."

"아 네… 바람이 많이 부는 곳에선 이게 편해서요."

"나야 저런 거 필요 없지 뭐."

'필요 없지'라는 말에 나도 말이 없어졌다.

분위기가 이상했던지 듣고 있던 개념녀가 끼어들었다.

"나도 한국에선 기능성 의류 필요 없었는데 여행에선 좋더라고요."

다시 無개념녀가 말을 낚아챘다.

"나는 뭐 필요 없지…."

아무래도 전형적인 인지 부조화 현상을 겪고 있는 것처럼 보였다. 無개념녀는 식당에 갈 때까지 자신의 힘들었던 여행 경험담을 늘어놓았다.

#2

레스토랑에 도착해 아사도(Asado, 소갈비, 돼지갈비, 소시지 등을 간단한 양념과 함께 숯불에 구운 요리) 모둠 2인분과 피자를 한 판 시켰다. 이때까지도 無개념녀의 하드코어(?) 경험담은 계속되고 있었다. 그러다 투정이 조금 오래간다 싶었는지 개념녀가 끼어들었다.

"앞에 연장자도 있는데… 저희보다 2살 많으시죠?" 개념녀가 말했다. 無개념녀는 "나이 먹으니 몸이 안 따라 준다"는 이야기를 하던 중이었다. 개념녀와 無개념녀는 동갑이었다.

"네."

"뭐, 두 살 정도면…." 無개념녀가 말했다. 나이에 대해선 그렇게 생각할 수도 있는 문제였다. 이때까지만 해도 난 음식에 탐닉했고, 별 대꾸를 하지 않았다.

그러다 트레킹 이야기가 나왔다. 개념녀도 트레킹을 좋아하는 사람이었다.

"저는 등산 싫어하는데… 회사에서 주말에 왜 등산으로 시간을 빼앗는지 모르겠어요. 전 바다가 좋아요."

無개념녀가 중뿔나게 말했다. 여기다 대고 전 바다 싫어해요, 라고 말해야 하나 잠깐 고민했지만, 입을 닫기로 했다.

그런데 문제는 여기서 끝이 아니었다. 진짜 대박 사건은 주문한 모둠 아사도가 나온 뒤였다. 자연스럽게 이야기 주제가 음식으로 넘어갔다. 모둠 아사도엔 우리식 순대와 비슷한 것도 있었고, 소곱창 구이도 보였다.

"곱이 그대로 살아 있네요." 개념녀가 맛나게 곱창을 씹으며 말했다. 나도 가리는 게 별로 없어 고소한 곱창을 씹고 있던 차였다.

"저는 그런 거 못 먹어요. 조금만 주세요. 곱게 자라서… 강남 쪽에서… 엄마도 이런 거 못 드시고 집에선 아빠만 드시죠. 어렸을 때부터 안 먹고 자라서 그런가 봐요."

無개념녀가 자발적으로 출신 성분과 곱창을 먹지 못하는 이유에 관해 설명하고 나섰다. 곱창을 씹는 동안 '못 먹는 음식'이란 말이 몇 차례 더 들렸다. 無개념녀에게 곱창을 먹으라고 강요한 사람도, 집이 어디냐고 질문한 사람도 없었다.

그러다 이집트 여행 이야기가 나왔다. 無개념녀는 이집트에 갔는데 어떤 아저씨가 지하철 표를 사주는 등 사람들이 무척 친절해 좋았다고 했다. 이집트에 감정이 남아 있는 나로서는 도저히 듣고만 있을 수 없었다.

"그건 여성이라 그런 거 아닌가요?"

"뭐 어쨌건… 전 좋았어요."

"자기가 느끼고 경험한 게 여행이죠. 그럼에도 대다수가 불쾌하게 경험하는 것도 있죠."

말을 더 하다가는 참고 있던 감정이 봇물처럼 터질 게 뻔해 속으로 숫자를 세기 시작했다. 無개념녀의 달콤한 추억에 기스를 내고 싶은 생각은 추호도 없었지만, 이집트가 어떤 나라인가…. 그렇게 불편한 저녁 식사가 끝났다.

#3

다음 날. 숙소에서 저녁으로 닭볶음탕을 해 먹기로 했다. 어제 아사도 멤버에 한 명이 추가됐다.

4명이 각자 일을 하다 슈퍼 앞에서 오후 5시에 만나기로 약속했다. 無개념녀와 개념녀는 낮에 동네 마실을 다녀온 뒤 합류하겠다고 했다.

오후 5시, 시에스타가 끝나고 슈퍼 문이 열렸다. 추가자와 내가 먼저 장을 보고 있자 조금 뒤 개념녀와 無개념녀가 나타났다. 그리고 계산을 할 때쯤 개념녀가 와서는 아이스크림 가게에 들러야 한다며 먼저 가서 요리 준비를 해달라고 했고, 난 알겠다고 했다.

숙소로 돌아와 눈물을 주룩주룩 흘리며 양파를 까고 있었다. 조금 뒤 개념녀와 無개념녀가 돌아왔고, 개념녀는 늦은 게 미안한지 "할 게 없느냐?"며 도와주겠다고 했다.

반면 無개념녀는 돈 계산할 게 있는지 요리 중인 음식은 쳐다보지도 않고 작은 가방과 노트를 들고 식탁에 앉아 자기 볼일을 보기 시작했다.

無개념녀는 요리가 거의 완성될 때쯤 볶음밥 위에 뿌려져 있는 김 가루처럼 아주 소소한 참견을 해왔다. 왠지 요리를 검사받는 느낌이었다.

맛있게 식사를 마친 뒤 無개념녀는 회비 정산에 열을 올렸다.

그날 밤하늘을 보며 기도했다.

"신이시여! 절 무개념의 시험에 빠뜨리지 마시고, 설사 제가 이런 무개념 짓을 했더라도 이 기도로 제 잘못을 깨우치게 하소서….'

일생
단 한 번일지 모를
트레킹 준비

로망을 현실로 만들기 위한 본격적 준비에 돌입했다.

호수와 맞닿아 있는 뿌에르또 나탈레스 초입에 있는 여행자 정보센터를 찾았다. 이곳을 방문한 이유는 토레스 델 파이네 일주 트레킹 가능 여부를 확인하기 위해서였다.

트레킹은 보통 산군을 크게 한 바퀴 도는 '일주 코스'와 3개 미라도르(Mirador, 전망대)를 찍는 'W 코스'로 나뉜다. 일주 코스 완주는 8~10일이 필요하고 W 코스는 4~5일 정도가 걸린다. 원래 계획은 W 코스를 포함한 일주 코스에 도전해 보는 거였다. 지구 반대편에 사는 내가 여길 또 언제 여행할지 모를 일 아닌가. 눈이 녹아야 열리는 코스에서 바라본 토레스 델 파이네 전경이 그림 같다는 이야기는 익히 들어 알고 있었다.

하지만 여행자 정보센터 직원은 아직 눈이 녹지 않아 W 코스밖에 개방이 안 된다고 했다. 비보였다. 현재로서는 개방 일정을 알 수 없다고 했다.

이 문제 때문에 며칠 전 여길 다녀간 블로거와 한 카페에 문의했지만, 답변

이 신통치 않았다. 이 사실을 모르고 일주일치 식량을 준비했다면 생각만으로도 어질해지는 상황이었다. 아프리카를 조기에 탈출한 게 결정적 타격이었다. 터키와 이란을 루트에서 제외한 것도 마음에 걸렸다.

'아놔! 일이 이리 꼬이나!'

그래도 소득이 전혀 없진 않았다. 딱 하나 남았다는 토레스 델 파이네 국립공원 상세지도를 손에 넣었으니.

아쉬운 대로 W 코스에 초점을 맞춰 준비에 돌입했다. 일단 말 많은 W 코스를 현미경 보듯 분석해 보기로 했다.

W 코스를 포함한 일주 코스에 도전하면 보통 반시계 방향으로 걷기 때문에 어느 방향으로 트레킹을 시작할지 고민할 필요가 없다. 이 방향으로 산군을 도는 이유는 깜파멘또 로스 빼로스(Campamento Los Perros)에서 빠소 혼 가르드네르(Paso John Gardner)로 가는 게 체력을 아낄 수 있어서다. 코스를 반대로 돌게 되면 급경사를 올라야 한다.

지도를 자세히 보니 토레스 델 파이네 W 코스는, 남미에 가면 당연히 해봐야지, 하고 쉽게 말할 수 있는 트레일이 아니었다.

거리와 시간상 2박 3일에 마칠 수 있는 코스였지만, 평소 운동을 전혀 하지 않던 사람이 갑자기 완주할 수 있는 곳은 절대 아니었다. 코스를 4박 5일로 잘게 쪼갠다면 그런대로 쉬엄쉬엄 걸을 수 있는 코스가 만들어지긴 했다. 여기다 산장을 이용하지 않고 텐트·침낭·식량 등을 다 가지고 걸으면 초보에겐 트레킹이 아닌 '고행킹'이 될 게 뻔했다.

W 코스에서 가장 큰 고민은 시작 지점을 어디로 잡아야 할지였다. 이 고민은 첫날 날씨를 보고 결정하는 게 좋을 것 같았다. 만약 날씨가 화창하다면 오

걷다 보니 남미였어 · 167

른쪽에서 시작해 토레스 봉우리를 먼저 보고, 만일 날씨가 궂으면 배를 타고 W 코스 왼쪽에서 시작하는 게 순리다. 어차피 걷는 건 똑같다. 문제는 시작 방향에 따라 뷰가 달라진다는 것(W 코스 상세 분석은 이 책의 부록을 참고하시길).

비용을 아끼는 동시에 제대로 자연을 즐기려면 백패킹을 해야 하는데 이렇게 되면 배낭 무게에 특히 신경 써야 한다. 무릇 산행은 가벼울수록 쉬운 법.

특히 백패킹에선 음식 선택과 양 조절이 중요한데 음식이 남게 되면 헛심을 쓰게 되고, 음식이 모자라면 산장에서 비싼 대가를 치르고 밥을 사 먹어야 한다.

또 1박 2일짜리 백패킹이라면 고기를 얼리고, 와인을 2병쯤 배낭에 꽂고 저녁 만찬을 위해 천천히 산길을 오를 수도 있겠지만 이번 일정은 여유를 부릴 만한 코스가 아니었다. 최소 짐으로 최대 효과를 내야 했다. 배낭에 무엇을 담을지 고민하는 건 하수의 패킹이고, 고수는 배낭에서 무엇을 덜어낼지 고민한다.

대략 코스 분석을 마치고 본격 준비에 나섰다. 장비점에 들러 연료부터 챙겼다. 뿌에르또 나탈레스 장비점엔 화이트 가솔린이 있었다. 일단 손쉽게 연료를 손에 넣자 마음이 한결 놓였다.

시내 마트에선 빵·소시지·과일·스파게티 등을 구입했다. 검증되지 않은 남미의 인스턴트식품은 트레킹 중 치명상을 줄 수 있기 때문에 되도록 한 번이라도 먹어본 제품으로 구색을 갖췄다. 그렇다 보니 카트 안에 놓인 음식은 극도로 보수적이었다. 여기에 부에노스아이레스에서 공수해온 라면과 햇반이 아직 배낭 속에서 비워질 날을 기다리고 있었다.

장을 본 후 묵직한 비닐봉지를 양손에 들고 을씨년스러운 '공포의 숙소'로 향했다.

토레스 델 파이네행 버스티켓

숙소에서 토레스 델 파이네 국립공원까지 운행하는 버스티켓을 예약했다. 숙소 아주머니는 왕복에 1만 5,000페소를 달라고 했다. 정보를 찾아보니 1만~1만 2,000페소면 절충 가능하다고 했다. 아주머니는 깎아 달라는 소리에 1만 4,000페소까지 해주겠다며 한발 물러섰다. 중간에 수수료를 챙기는 건 알겠지만, 아주머니를 통해 버스티켓을 예매하지 않으면 트레킹 기간 중 숙소에 짐을 맡기는 게 영 눈치 보이는 상황이었다.

참고로 여행 정보 중 가장 틀리기 쉬운 건 뭘까? 바로 가격 정보. 이 책은 물론이고 인터넷이나 가이드북에 나와 있는 가격을 너무 고집하지 않는 게 정신건강에 이롭다. 현장에선 이 순간에도 계속 가격이 오르고 있으니.

"신이여!
아직 제가 겪어야 할
끔찍한 일이 남았나이까?"

●

　푼타아레나스를 떠나 뿌에르또 나탈레스에 막 도착했을 때다.

　애당초 묵으려고 찜해둔 숙소를 찾지 못해 연신 한숨을 쉬고 있었다. 마침 돌아다니던 숙소 찌라시를 보고 찾아간 곳이 메린다(Merinda)였다. 개인 집을 민박집처럼 운영하는 호스페다헤로 하룻밤 가격이 5,000페소였는데, 3인실 도미토리를 혼자 쓰는 게 마음에 들었다. 와이파이 속도가 빨랐고, 뜨거운 물도 펑펑 잘 나오고 그럭저럭 괜찮았다.

　그런데 메린다에서 내가 도저히 참지 못하는 게 하나 있었다. 요르단 암만 만수르 호텔 걸레 빵과 비교해도 전혀 손색없는 거지 같은 아침밥과 주인아주머니의 위생 개념은 혀를 내두르게 하는 것도 모자라 '안구돌출증'을 유발했다. 메린다의 실체를 목격한 건 마트에서 사 온 음식을 냉장고에 넣으려는 순간이었다.

　빠끔 냉장고 문을 여는데… 절대 상상해 본 적 없는, 상상할 수도 없는 냉장실 풍경에 그만 기겁을 하고 말았다. 이 모습은 중국 신장위구르 여행 중 한 골목에서 ×덩어리를 매달고 있는 그녀와 눈이 마주쳤을 때만큼 경악스러웠다.

붉고, 노란 각종 소스는 하얗게 빛나야 할 냉장고 바닥을 단풍 빛깔로 칠해 놓았고, 정체 모를 봉지들이 얽히고설킨 채 추위를 이겨내는 모습은 출근길 지옥철을 방불케 했다. 냉장고는 무게를 지탱하지 못하고 비명을 지르는 듯했다. 먹다 남은 음식은 본래 향을 잊은 채 악취를 풍겼고, 그 옆에선 양배추가 썩어가고 있었다. 냉장고에 음식을 넣었다가는 도리어 내 음식이 상해 나올 것 같았다.

조용히 냉장고 문을 닫고, 내 살아 움직이는 위장 속으로 빨리 음식을 욱여넣기로 했다. 아무리 기억을 더듬어 봐도 냉장고로 인해 이런 메가톤급 충격이 강타한 적은 없었다. 쇼크는 쉽게 가시지 않았다. 메린다의 모든 게 불결해 보였다. 놀란 가슴과 사온 음식을 부여잡고 아주머니가 빵을 먹고 있는 식탁으로 갔다.

"오 마이~ 가스레인지!"

하마터면 들고 있던 비닐봉지를 떨어뜨릴 뻔했다. 주인아주머니는 접시도 없이 식탁 위에 빵을 올려놓고 칼질을 하고 있었다. 중세 배경의 음침한 영화를 보는 듯한 착각에 빠질 정도였다. 빵을 자른 아주머니는 '쓱쓱~ 쓱쓱~' 맨손으로 칼을 닦았다. 그리고 잼통에 그대로 칼 입수! 아주머니는 빵 부스러기가 흩어져 있는 식탁 위에 맨살 빵을 올려두고 잼을 발랐다.

'아놔! 진짜! 아줌마~~~아!'

이 모습은 에티오피아 타이투 호텔의 변좌 없는 양변기와 완벽한 '콜라보'를 이룰 정도로 내겐 치명적이었다. 아주머니는 잠시의 망설임도 없이 빵을 입으로 가져갔다. 그리고 뭐가 아쉬웠는지 빵 한 조각을 난로 위에 올려놓았다. 세 번째 충격이었다.

토스터도 아니고 프라이팬 위도 아니고, 쇳가루가 난자한 난로 위에 조금 뒤 입으로 들어갈 빵을 올리다니… 철분이 부족한 거라면 영양제를 사다 드리고 싶은 심정이었다.

머리를 쥐어뜯으며 미간을 잔뜩 찌푸린 채 그 모습을 멍청히 지켜봤다. 이 장면만 놓고 보면 분명 메린다 호스페다헤는 21세기 것이 아니었다. 빈대 없는 걸 다행으로 여기고 있었지만 민감성대장증후군을 달고 살아온 내게 이 장면은 고통스럽기까지 했다. 더러운 걸 참지 못하는 성격 탓도 있겠지만 언제나 여행은 생각지도 못한 곳에서 한계치 이상의 비위생적 테러를 모자이크 없이 생중계해주었다.

추신 : 독자들이여 날 까칠한 여행자로 보지 마시라! 그대들이 내가 세계 일주 중 목격한 걸 편집 없는 19금 무삭제 버전으로 시청한다면 순식간에 얼굴이 먹빛으로 변해버릴 거다. 세계 일주 1막 중 진정 레알 서프라이즈 더러움을 생동감 넘치는 묘사력으로 쓴 꼭지는 편집자의 구토증세로 책에 실리지 못하는 불상사를 맞기도 했다. 그 글은 아직도 노트북 안에 봉인된 채 세상과 격리돼 있다.

파타고니아 간략 설명

　파타고니아란 명칭은 마젤란 원정대가 거인족이라고 묘사한 원주민을 가리키는 '파타곤'(patagón)이란 말에서 왔다.

　당시 스페인 사람들 평균 키가 155센티미터 정도였는데, 파타곤은 무려 180센티미터였다고. 이 거인족은 떼우엘체족이었던 것으로 추정된다. 떼우엘체족은 아르헨티나와 칠레의 원주민 말살정책에 대항해 용맹하게 항전을 벌인 원주민으로, 현재는 1만 명이 채 되지 않는다. 아르헨티나 대통령이었던 후안 페론 어머니가 떼우엘체족 혈통으로 알려져 있다.

　파타고니아의 대명사는 바람이다. 최대 풍속이 초속 60미터를 넘는 일도 드물지 않다. 보통 초속 40미터가 넘으면 사람이 날아간다. 이 때문에 사람들은 파타고니아를 '폭풍우의 지대'라 부르기도 했다. 전체적으로 스텝(초원)과 가시 있는 관목림(灌木林) 지역이 많다.

지상 최고의 트레일
토레스 델 파이네를 걷다

내셔널지오그래픽이 '죽기 전 꼭 가봐야 할 10대 낙원'으로 선정한, 지상 최고의 트레일 토레스 델 파이네.

바람의 땅 파타고니아를 대표하는 이곳은 중력에 반하는 수직 이동만 있는 산행과는 질적으로 다른 코스로 우리를 안내한다. 노글노글한 능선을 오르락내리락하다 코발트빛 호수를 지나 산에 오르는 길⋯ 트레킹의 참 매력이 바로 이 트레일에 전부 녹아 있었다. 지상 최고의 트레킹 코스는 내겐 꿈의 길이었다. 트레킹은 단순히 산길을 걷는 것에서 끝나지 않는다. 인간 본연의 탐미적 갈망을 길 위의 아름다움으로 충족할 수 있는 방법이며 지구가 숨겨 놓은 비경을 찾아가는 가장 정직하고 순수한 길이다.

감동의 순간을 시간 순으로 정리했다.

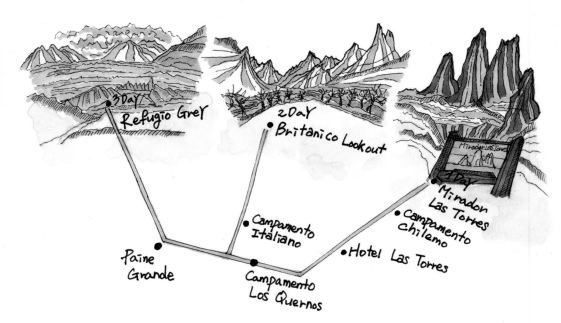

3Day
Refugio Grey

2Day
Britànico Lookout

Miradox
Las Torres

1Day

Campamento
Italiano

Campamento
Chilemo

Paine
Grande

Hotel Las Torres

Campamento
Los Quernos

• 1일차 길 위에서 꿈이 실현되다

배낭에 텐트 · 침낭 · 취사장비 등을 차곡차곡 패킹했다. 아침을 먹고 있자, 버스 기사아저씨가 요란스럽게 숙소 문을 두드렸다. 입속에 빵 한 조각을 더 밀어 넣고 배낭을 둘러멨다. 어깨에 묵직한 하중이 실렸다. 오랜만에 풀 패킹을 해보니 역시 무게가 만만치 않았다.

버스는 뿌에르또 나탈레스 시내를 돌며 다른 트레커를 태운 뒤 2시간 거리에 있는 토레스 델 파이네 국립공원으로 출발했다.

"안녕! 어느 나라에서 왔니?" 한 남성 트레커가 버스 안에서 내게 말을 걸어왔다.

"한국 사람이야. 넌?"

"오! 가~앙~남 스따~일!"

내게 말을 건넨 남성은 이스라엘 청년이었다. 그는 내 국적을 듣고는 싸이의 춤을 흉내 내며 강남이 어떤 곳이냐고 물었다. 고요한 트레킹을 위해 적당한 눈인사로 싸이의 한류 홍보를 거든 뒤 조용히 창밖을 내다봤다.

버스가 국립공원으로 들어서자 사슴처럼 생긴 구아나코(Guanaco, 야생 야마)와 난두(Nandu, 대평원에 사는 아메리카 타조)가 방문자들을 반겨준다. 파타고니아의 파란 하늘은 어디선가 콘도르(Condor, 주로 남미에 서식하는 대형 독수리)가 바람을 타고 있을 것같이 넓고 평온했다.

버스가 멈춘 곳은 라구나 아마르가(Laguna Amarga). 멀리 토레스 델 파이네의 상징인 토레스 삼봉(三峰)이 구름 모자를 살며시 눌러 쓰고 트레커들을 반겼다.

세계 일주 중 가끔 내가 정말 여행을 하고 있나, 하는 의문이 들 때가 있었다. 꿈인지 생시인지 분간할 수 없는, 꿈속에서 또 꿈을 꾸는 게 아닌가 하는 착각에 빠졌다. 자연이 만든 엄청난 감동 앞에 서면 으레 망막에 맺힌 이미지가 현실이 아닐지 모른다는 야릇한 망상에 사로잡혔다. 그리고 지금 이 순간 또 한 번 현실이 꿈결같이 다가왔다.

라구나 아마르가에서 버스를 갈아타고 7킬로미터 정도 떨어진 라스 토레스 호텔(Hotel Las Torres)까지 가면 첫날 트레킹이 시작된다. 만일 백패킹을 계획했다면 이 숙소 야영장(유료)에 텐트를 치면 되고 그렇지 않다면 숙박 예약은 필수다.

서둘러 텐트를 치고 빵으로 간단히 점심을 해결했다. 첫날 토레스 삼봉을 보기 위해선 왕복 19킬로미터를 걸어야 했다. 행동식을 챙기고 등산화 끈을 조였다. 파타고니아의 바람을 안고 초원을 걷는 것으로 W 코스의 오른쪽 첫 번째 꼭짓점을 향한 여정이 시작됐다.

길은 초원에서 계곡으로 이어지며 가파른 산비탈로 향했다. 시작부터 깊고 높은 산세가 확연히 드러났다. 산허리에 길게 늘어선 흙길은 계곡으로 내려서면서 중간 휴식지로 정한 칠레노(Chileno) 캠프에 닿는다. 흘린 땀을 식히며 오가는 트레커를 구경해 본다. 경쾌한 발놀림을 보는 것만으로도 두둥실 기분이 들떴다. 땀이 식자 한기가 뻗쳐왔다. 다시 길을 나서란 신호였다.

짙은 녹음이 시작됐다. 무성한 나뭇잎 사이로 삐져나온 햇살이 길 이곳저곳에 생각지도 못한 패턴을 만들어 놓고 있었다. 그 사이로 몇몇 트레커들이 집채만 한 배낭을 메고 천천히 걸음을 옮겼다. 야영하기 좋은 사이트가 있는 모양이었다. 그들을 부러운 눈으로 바라봤다. 맨몸으로 가볍게 걷고 있는 난 그

들을 빠르게 스쳐 지나갔다. 오르막을 오르자 목이 말랐다. 산에서 내려오는 빙수를 그대로 마셨다. 물이 너무 차가워 손이 깨져 나갈 것 같았다. 수천 아니 수만 년일지 모르는 시간이 물에 녹아 에메랄드빛으로 어른거렸다.

숲길 끝에서부터는 너덜지대가 시작됐다. 걸음을 가려 디디며 뾰족하고 울퉁불퉁한 길을 밟아갔다. 마치 설악산 한계령~귀때기청봉 길이 연상되는 코스였다. 오르막 끝에 가까워질수록 토레스 삼봉의 매끈한 이마가 서서히 솟아오르기 시작했다. 고지가 얼마 남지 않았다.

갈수록 파타고니아의 바람이 밉살맞게 옷깃을 헤집고 들었다. 금세 땀이 식고, 어디서 나타났는지 추위가 내 주위를 어슬렁거렸다. 틈을 노리던 바람은 벌어진 재킷 사이를 저돌적으로 파고들었다. 그러다 허공을 한 바퀴 돌아 내 몸을 밀어냈다.

하지만 사나운 그 바람이 이상하리만큼 좋았다. 거칠었지만 쓰다듬고 싶었고, 얄미웠지만 웃음이 났다.

끝이 보이기 시작했다. 허벅지에 힘을 줬다. 걸음은 빨라졌고, 숨은 차올랐다. 바위 길을 쉬지 않고 달렸다. 잠시 뒤 토레스 델 파이네의 상징이 그 실체를 드러냈다. 사진으로 보던 위풍당당한 그 모습 그대로였다. 첫 번째 미라도르의 바람은 달콤했다.

• 2일차 세계 일주가 주는 보상

새들이 지저귀는 소리에 눈을 떴다.

텐트 문을 열고 나가보니 푸른 잔디밭 위에 보드라운 햇살이 내려앉아 있었다. 이번 트레킹에서 가장 중요한 날의 시작이었다.

2일차 트레킹은 이번 일정 중 가장 긴 거리를 걸어야 했다. 일단 깜빠멘또 이탈리아노(Campamento Italiano)까지 가서 캠프를 차리고 바예 델 프란세스(Valle del Frances)를 다녀올 생각이었다. 이날 걸어야 하는 거리를 모두 합하면 30여 킬로미터. 이른 아침부터 부산을 떨었다. 빵으로 아침을 때우고 서둘러 배낭을 챙겼다. 한 시간 정도 이어진 능선 길은 토레스 델 파이네의 진면목을 유감없이 보여주었다. 어제와는 전혀 다른 산세가 시시각각 다른 조망을 선사했다. 길은 비취색 호수로 이어지며 바쁜 발걸음을 자꾸만 잡아 세웠다. 카멜레온 같은 비경에 가다 서다를 반복하며 카메라 셔터를 누르기 바빴다.

하늘과 구름의 신비로운 조화는 단 한 번도 본 적 없는 광경이었다. 푸른 캔버스 위에 하얀 물감을 밀도 높게 덧칠해 놓은 것 같은 하늘은 단박에 미(美)의 기준을 뒤엎어 놓았다. 하늘에선 UFO 같은 렌즈운(Lenticular Cloud)이 미동도 하지 않은 채 날 내려다보고 있었다.

전 세계 트레커들이 왜 그토록 토레스 델 파이네를 갈망하는지 제대로 이해가 됐다. 걷는다기보다는 구름 위를 두둥실 떠다니는 느낌이었다. 마음을 울리는 풍경은 어깨를 짓누르는 배낭을 솜털처럼 느끼게 했다.

깜빠멘또 로스 꾸에르노스(Campamento Los Quernos)에서 늦은 점심을 먹고, 오늘 야영지로 정한 깜빠멘또 이탈리아노로 길을 재촉했다. 캠프에 도착해 텐트를 치고 보니 시곗바늘이 오후 3시를 지나고 있었다. 고민에 빠졌다. 다음 날 바예 델 프란세스에 오르면 일정이 하루 늦어지게 된다. 그렇다고 해 넘이 전에 바예 델 프란세스를 왕복하는 것도 초행길에 위험한 도박이었다.

고민할 시간이 없었다. 주변 트레커들에게 지금 출발할 수 있는 거리인지 물었다. 고개를 갸웃거릴 뿐 누구도 똑 부러진 대답을 내놓지 못했다. 모험을 택하기로 마음을 굳혔다. 헤드랜턴을 챙겨 빠른 걸음으로 계곡을 올랐다. 이탈리아노 캠프에서 W 코스 두 번째 꼭짓점인 브리따니꼬 룩아웃(Britanico Lookout)까지는 왕복 15킬로미터.

출발부터 바예 델 프란세스 계곡은 줄곧 입을 다물지 못하게 했다. 이번 여행 최고 희열이 가슴 깊숙한 곳에서부터 풍성한 맥주 거품처럼 차올랐다. 그토록 찾아 헤맨 샹그릴라가 바로 여기였다. 첫 키스의 떨리는 마음으로 눈앞에 펼쳐진 비경들을 하나씩 눈에 새겼다.

원경과 근경 모두가 한시도 쉬지 않고 날 유혹했다. 아기자기한 맛에 진한 여운까지, 바예 델 프란세스의 색색깔 풍경은 미(美)로부터의 초대였고, 난 그 아름다움을 탐닉하며 환희의 탄성을 내질렀다. 능선에선 지리산이, 기암괴석에선 설악산이, 암봉에선 북한산이, 고목에선 태백산이, 하얀 만년설 이불을 덮고 있는 설산에선 안나푸르나가 떠올랐다. 시선이 머무는 곳마다 살아 있는 아우라가 뿜어져 나왔다.

빙하가 지나가며 거칠게 조각한 계곡은 영겁의 시간을 거치며 부드러운 U 자 형태로 다듬어져 있었다. 좌에서 우로 이어지는 스카이라인은 세계 일주를 위해 포기한 모든 걸 보상해 주었다. 브리따니꼬 룩아웃에서 바라본 토레스 델 파이네는 자연과 한 인간의 극적인 만남을 조건 없이 허락해 주었다.

• 3일차 거리, 시간 개념이 사라지는 걷기

안온하고 싱그러운 아침이었다. 반면 몸은 천근만근이었다.

발목과 허리에 통증이 느껴졌다. 어제 하루 30킬로미터를 걸었으니 그럴 만도 했다. 무거운 몸을 억지로 일으켜 빵과 수프로 허길 해결했다. 캠프를 철수하고 짐을 챙겼다.

이날은 2시간 30분 거리에 있는 빠이네 그란데(Paine Grande)까지 가서 캠프를 설치한 뒤 W 코스의 마지막 꼭짓점 레푸지오 그레이(Refugio Grey)를 다녀오는 일정이었다.

길게 이어진 능선에 올라 스틱을 찍으며 다시 하루를 시작했다. 뻐근한 몸이 걸음을 더할수록 서서히 풀렸다.

탁 트인 개활지로 나오자 파타고니아의 바람이 따귀 치듯 달려들었다. 몸이 휘청거릴 정도로 강한 바람이었다. 바람이 벽처럼 느껴졌다. 걸음은 바람의 세기만큼 느려졌다.

심술궂은 바람 너머엔 슬픈 현실이 기다렸다. 검게 타다만 나무들이 을씨년스럽게 몸을 흔들어댔다. 검은 땅과 나무가 햇살을 그대로 먹어치웠다. 꼭 죽음이 노려보는 듯한 음산한 살풍경이 길을 따라 길게 이어졌다.

몇 년 전 이스라엘 여행자로 인해 생긴 산불의 흔적이었다. 무지막지한 파타고니아의 바람을 타고, 불길은 파죽지세로 대지를 죽음으로 내몰았다. 이 소식은 지구 반대편 한국까지 날아왔다. 무심코 흘려들은 뉴스 내용을 두 눈으로 목격하는 일은 무척 불편했다.

이번 트레킹의 마지막 캠프인 빠이네 그란데가 아스라이 눈에 들어 왔다.

능선에서 내려서자 넓은 평지가 캠프까지 이어졌다.

캠프에 도착해 몸 상태를 보니 왜 여기까지 와서 마지막 미라도르를 포기하는지 분명해졌다. 발바닥엔 물집이 잡혔고, 종아리와 허벅지엔 근육통이 생겼다. 허청허청 걸으며 좋은 자리를 골라 텐트를 치고 하나 남은 햇반과 라면을 꺼냈다. 사력을 다해 왕복 22킬로미터를 걸으려면 뱃속을 채워야 했다. 다시 등산화 끈을 조였다. 여기서 레푸지오 그레이를 다녀와야 내 발로 완벽하게 W를 그리게 된다.

'밥심'으로 아주 천천히 걸음을 옮겼다. 캠프를 출발한 지 30분 만에 오르막이 끝나고 라구나 로스 빠토스(Laguna Los Patos)가 얼굴을 내밀었다.

"이런, 와~아!"

호수 뒤편으로 아리따운 설산이 굽이치고, 구름도 이 모습에 취했는지 산봉우리에 내려앉아 가던 길을 멈추고 인간계 절대 비경을 감상하고 있었다. 유빙이 보이기 시작했다. 잠시 뒤 라고 그레이(Lago Grey)에 도착했다. 빙하가 녹으면서 만들어진 호수와 설산은 놀라운 하모니를 빚어냈다.

하지만 W 코스 완주까지는 아직 가야 할 길이 까마득했다. 시간을 계산하며 다시 길을 재촉했다. 내리막이 시작됐다. 숲길을 걷다 좀 지루하다 싶으면 봄을 알리는 꽃길이 이어지고 그러다 아슬아슬한 급경사가 나왔다. 다이내믹한 코스에 지루할 틈이 없었다. 걷기에 집중하다 보니 거리개념과 시간개념이 사라졌다. 가다 힘이 들면 빙수로 목을 축였다.

어느새 레푸지오 그레이였다. W 코스의 마지막 미라도르로 향했다. 전망 좋은 바위에 올랐다. 거대한 빙하가 실체를 드러냈다. 양반다리를 하고 눈을 감았다. 잠시 이번 세계 일주 최고의 순간을 즐겼다. 토레스 델 파이네의 대자

연은 경건함으로 다가와 겸손함을 가르쳐 주었다.

힘이 빠져 버린 발목을 조심스럽게 간수하며 캠프로 돌아왔다. 80킬로미터에 가까운 강행군이 끝나자 맥이 풀렸다. 1리터짜리 팩 와인을 땄다. 싸구려 와인이 달콤하게 목을 타고 넘어갔다.

별이 빛나는 밤이었다.

• 4일차 말과 글로 표현할 수 없는 장면

암막 커튼이 필요한 아침이었다. 늦잠을 자고 싶었지만, 엄마의 잔소리처럼 따가운 볕이 텐트 안으로 쏟아져 들어왔다. "된장."

텐트 문을 열었다. "헉!" 눈을 뜨자마자 요정의 나라에 와 있는 듯한 분위기에 순식간에 잠이 달아났다. 토레스 델 파이네는 쉴 틈을 주지 않았다. 잠이 덜 달아난 눈을 비비며 더듬더듬 카메라를 찾았다.

오후 12시 30분 빠이네 그란데 선착장에서 페리를 기다렸다. 만약 이날 새벽에 일어나 빙하를 보러 갔으면 페리 출발에 맞춘다고 헐레벌떡 하산하고 있어야 할 시간이었다. 이곳에서 구아르데리아 뿌데또(Guarderia Pudeto)로 가 미니버스를 타고 첫날 국립공원 입장료를 낸 라구나 아마르가로 돌아가면 모든 일정이 마무리된다.

페리를 기다리며 주변 산책을 하고 있는데 푸콘 화산 트레킹을 같이한 스페인 아주머니들을 다시 만났다. 그녀들은 레푸지오 그레이에서 하룻밤 보내고 막 하산을 완료한 순간이었다. 난 박수로 그녀들의 완주를 축하했고, 그녀들은 내 뺨에 입을 맞추며 인사를 대신했다.

하얀색 페리가 유유히 쪽빛 빙수호를 가르며 다가왔다. 페리에 올라 2층 갑판으로 향했다. 토레스 델 파이네는 떠나는 순간까지도 여행자를 가만두지 않았다. 한 장면도 그냥 버릴 게 없었다. 승객 모두가 할리우드 스타가 나타난 것처럼 일제히 카메라 셔터를 누르기 시작했다. 환희의 순간이었다.

"무릉도원이 따로 없구나, 정말! 죽기 전에 꼭 걸어봐야 한다는 말이 허언이 아니었어!"

3일간 걸었던 토레스 델 파이네가 한눈에 조망됐다. 1만 2,000페소나 하는 페리 티켓이 하나도 아깝지 않았다.

세계 최고의 트레일 토레스 델 파이네를 표현할 마땅한 단어도, 문장도 생각나지 않았다. 말과 글로 여길 어떻게 표현한단 말인가… 속절없이 멀어져 가는 토레스 델 파이네를 바라보고 또 바라봤다.

"저를 아시나요?"

●

　토레스 델 파이네 트레킹을 마치고 칠레에서 다시 국경을 넘어 아르헨티나 엘 깔라빠떼(El Calafate)에 있는 후지여관에 도착한 시각은 오후 3시경. 이 게스트하우스는 일본인 사장님과 한국인 사모님이 운영하는 숙소였다. 두 분은 깔라빠떼에서 스시 레스토랑을 운영하고 계셨다. 사모님은 내 이름을 물었다.

　"김동우라고 합니다."

　"어머! 동우 씨였어요?"

　"네… 근데 저를 아세요?"

　순간 머리가 복잡해졌다. '뭐지, 이 시추에이션은? 한국을 떠난 지 1년도 채 되지 않았는데 벌써 내 명성이 파타고니아까지 뻗쳤단 말인가? 아니면 내 블로그를 애독하시나? 아버지가 남미에 아는 분이 계셨나?'

　"물론 알죠!"

　"진짜 저를 아세요? 어떻게요?"

　모락모락 검은 덫의 향기가 풍겼다. 탄자니아 모시에 도착했을 때, 어느 호객꾼이 내 이름이 적힌 피켓을 들고 서 있던 광경이 오버랩 됐다.

"자자, 자세한 이야기는 나중에 하고 일단 짐부터 푸세요."

"네~에… 짐이야…."

찜찜했던 기분이 후지여관 최고 명당 앞에서 바람과 함께 사라졌다. 창밖을 내다볼 수 있는 자리에 작은 식탁이 놓여 있었는데 말로만 듣던 '마법의 자리'였다.

테이블 앞 의자에 앉자, 창밖으로 파타고니아의 리얼 순도 100퍼센트 생바람이 손에 잡힐 듯 다가왔다. 바람은 빛살까지 날려 버릴 듯 강렬했다. 창밖 맞은편 나무들이 쉴 새 없이 바람에 나부끼며 정적인 풍경에 생명력을 불어넣었다. 적잖은 여행자들이 창가 식탁 자리가 깔라빠떼를 쉽게 떠날 수 없게 만든다고 했다. 그 사이 사모님이 늦은 출근을 한다며 숙소를 나섰다.

빨래와 샤워를 마치고 커피 한 잔과 함께 마법의 자리에서 숙소 매니저로 일하고 있는 일본인 아케미상과 이야기를 나누었다. 끝까지 나이를 밝히길 거부한 그녀는 어림잡아 60대로 추정되는 여성이었다. 후지여관 매니저로 일하면서 한국어를 독학하고 있었다. 나이를 먹어서 그런지 외운 단어를 자꾸만 까먹는다며 한숨을 쉬면서도 한국어 책을 손에서 놓지 않았다.

숙소에는 또 다른 일본인 여행자 이지상도 있었다. 그는 아케미상과 비슷한 나이였는데 직업은 화가였다. 파타고니아가 좋아 벌써 몇 번째 이곳을 방문했는지 모르겠다고 했다. 이지상은 파타고니아를 캔버스에 담다 여비가 떨어지면 일본에 돌아가 돈을 벌어 여행을 이어 나간다고 했는데, 파타고니아가 그

림을 그리고 싶게 만든다고 말했다.

그들을 보고 있자 문득 여행 중 만난 일본인들이 떠올랐다. 일본인 여행자들은 단순히 여행 정보와 경험이 많다는 점뿐 아니라 여행을 대하는 남다른 구석이 있었다.

제일 먼저 떠오른 사람은 히로상. 그녀를 만난 건 중국 샹그릴라에서다. 첫 만남은 이랬다. 샹그릴라 게스트하우스 자희랑에 머물고 있는데 한 한국인 여성 여행자가 히로상과 저녁을 먹는다며 숙소를 나서려고 했다. 이때 티셔츠 차림의 모국 여행자에게 입고 있던 패딩을 벗어 준 적이 있다. 샹그릴라는 고도 때문에 밤이면 기온이 뚝 떨어진다.

나중에 안 사실이지만, 저녁을 먹으며 히로상이 걱정스럽게 "옷을 빌려주고 나중에 돈을 달라고 하면 어떻게 하느냐?"고 물었다고 한다. 난 한참을 웃었다. 당시 히로상은 2년간의 세계 일주를 마무리하고 있는데 남미에서 6개월의 시간을 보냈다. 그녀가 거쳐 간 수많은 여행지 중 베네수엘라 로라이마(Roraima)는 내가 꼭 가보고 싶은 곳이었다. 게스트하우스에서 히로상에게 로라이마에 관해 물었던 적이 있다. 그녀는 정보를 찾아주겠다고 했다. 그리고 내가 남미를 여행할 때쯤 한 통의 메일이 날아왔다. 메일은 로라이마 정보로 빼곡했다.

중국 신장위구르 카스를 여행할 때였다. 숙소에 머물고 있는 여행자 중 8년간 자전거 세계 여행을 하고 있는 태국 아저씨는 단연 독보적 존재였다. 군살

없는 몸매, 구릿빛 피부, 덥수룩한 수염 그리고 느릿한 걸음은 긴 여정을 소리 없이 말해주었다. 당시만 해도 삶이 여행이 된 생활 여행자와 소통한다는 건 내게 어려운 일이었다. 자연스레 나와 같은 처지, 나와 같은 이유로 여행하고 있는 사람과 마음을 나누는 게 편했다.

하라상은 숙소에서 나와 대화가 가장 잘되는 일본인 여행자였다. 그녀는 환갑을 넘긴 나이에 1년의 여행 계획 중 첫 번째 나라로 중국을 둘러보고 있었다. 하라상은 오사카에서 초등학교 교사로 정년퇴임했는데, 남편과는 사별했고, 두 딸 중 한 명은 결혼했고 한 명은 싱글이라고 했다. 내 나이를 묻고는 "왜 결혼하지 않았느냐?"며 노총각이라고 놀리곤 했다.

하라상의 걸음걸이는 보는 이를 늘 불안케 했다. 손대면 할리우드 액션배우마냥 '픽' 하고 쓰러질 것 같았다. 색 바랜 티셔츠 몇 벌이 그녀가 가진 옷가지의 전부였고, 카메라는 낡은 서랍 속에서 방금 꺼낸 것 같았다. 기능 하나 없어 보이는 배낭은 수명이 얼마 안 남은 것처럼 다스러져 있었다. 저 가냘파 보이는 몸 어디에서 저런 에너지가 솟구치는지 신기할 따름이었다.

하라상은 흰쌀밥이 너무 먹고 싶다고 했다. 나도 마찬가지였다. 우리는 음식 이야기를 나눌 때면 사막의 태양처럼 이글거리는 눈빛으로 돌변했다. 그녀와 난 영어·한국어·일본어를 총동원해 맛을 표현해 냈다. 한 서양인 여행자가 우리를 신기한 눈으로 쳐다봤다. 그는 짤막한 3개 국어의 사용보단 우리의 상기된 얼굴을 더 신기해하는 눈치였다.

하라상을 위해 우루무치 마트에서 산 라면을 끓였다. 물이 뽀글뽀글 끓자

하라상은 어디서 구했는지 마늘 한 쪽을 가져왔다. 하라상은 조금 맵지만 그래도 맛있다며 국물까지 한 컵 따라 마셨다. 라면을 먹은 그녀는 숙소를 나섰다. 그리곤 저녁이 다 돼서야 돌아왔다. 얼굴에선 종일 태양에 그을린 흔적이 고스란히 묻어났다. 그녀는 걸어서 무슬림 무덤을 보고 왔다고 했다. 바나나 한 개를 챙겨 하라상에게 건넸다.

이밖에도 이집트에서 만난 일본인 커플은 여행 중 여비가 부족하면 액세서리를 만들어 팔아 홀쭉해진 지갑을 채운다고 했다. 그들은 어떻게 해서든 여행이란 궤도에 오래 머물러 있고자 노력했다.

사모님이 일을 마치고 사장님과 함께 돌아오셨다.

"사모님, 빨리 이야기해주세요! 절 어떻게 아셨어요?"

"호호호. 그거 별거 아니야. 부에노스아이레스 남미사랑 사장님이랑 통화하다가, 동우 씨 온다고 매니저 자리 이야기해보라고, 우리 집 매니저가 그만둔다고 해서. 여기 좀 있다가요! 응?"

게스트하우스 매니저

여행자 숙소를 이용하다 보면 필연적으로 게스트하우스 매니저를 만나게 된다. 격일로 근무하기도 하고, 몰아서 일주일을 일하고 일주일을 쉬기도 한다. 그들은 청소, 예약 관리와 여행자에게 여행지 정보 등을 제공한다. 보수가 거의 없고, 보수가 약간 있다 해도 그리 큰돈도 아니다. 대신 숙소 등을 제공받는다.

남미를 여행하다 오래 머물고 싶은 도시가 있다면 매니저로 몇 달 일하면서 천천히 다음 일정을 잡는 것도 방법이다. 남미 한인 숙소는 언제나 구인난에 시달릴 때가 많으니 자리는 어렵지 않게 구할 수 있을 거다.

'압도'란 단어가
가장 잘 어울리는 풍경,
모레노 빙하

파타고니아를 대표하는 또 하나의 상징 페리토 모레노 빙하(Perito Moreno Glacier)를 보러가는 날이었다.

모레노 빙하는 지구 온난화에도 아랑곳하지 않고 하루 최대 2미터까지 몸집을 키워가는 중이다. 여기다 빙하 위를 걸을 수 있는 트레킹 코스가 갖춰져 있어 나와는 궁합이 잘 맞는 장소였다. '무자격(이지만) 전문(이라고 주장하고픈) 트레커'를 자처하는 마당에 빙하를 먼발치서 눈으로만 즐기는 건 본분을 망각한 행위였다.

모레노 빙하 트레킹은 보통, 긴 거리를 걷는 '빅아이스'와 짧게 끝나는 '미니트레킹'으로 나뉜다. 640페소를 내고 미니트레킹으로 코스 결정. 그런데 알고보니 국립공원 입장료 100페소는 따로 내야 한다고. 당시 환율로 모두 110달러가 넘는 돈이었다.

아침 일찍 일어나 점심으로 소고기 수제 햄버거를 만들었다. 소를 닭 잡듯하는 아르헨티나에선 고기로 만들 수 있는 모든 음식이 저렴했다.

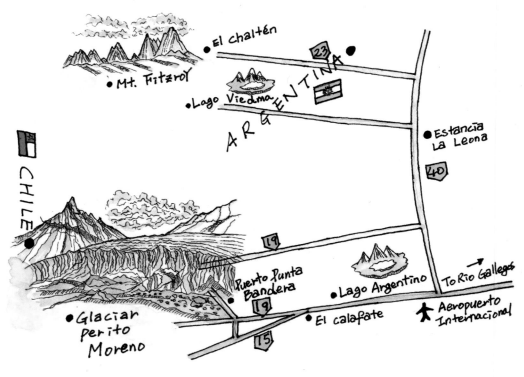

El chaltén

23

Mt. Fitzroy

Lago Viedma

ARGENTINA

Estancia
La Leona

CHILE

40

19

Puerto Punta
Bandera

Lago Argentino

To Rio Gallegos

19

Glaciar
perito
Moreno

El calafate

Aeropuerto
Internacional

15

탈
차
이

갈비찜, 떡갈비, 양 곱창 등 한국에서 제대로 먹으려면 적잖게 출혈을 감수해야 하는 요리를 자유자재로 조리해 볼 수 있는 기회의 땅이기도 했다. 완성된 수제 햄버거를 보며 만족스러운 표정으로 짐을 챙겼다.

여행자를 태운 버스는 깔라빠떼를 벗어나 숲길을 산책하듯 달렸다. 멀리 설산이 눈에 들어오기 시작했다. 수면 위엔 드문드문 유빙이 부표처럼 떠 있었다. 가이드는 유창한 영어로 모레노 빙하를 설명했다. 목적지에 도착하자 자유 시간이 주어졌다.

길은 빙하가 희미하게 보이는 옅은 숲길로 이어졌다. 갑자기 꼭 홍대 클럽에 처음 가던 날처럼 가슴이 뛰기 시작했다. 빙하가 제일 잘 보이는 곳으로 발걸음을 재촉했다. 머리 위로 아르헨티나 국기가 나부꼈다. 그리고 모레노 빙하가 내…앞… 내 눈앞에… 어마어마한 덩치를 드러냈다.

"뜨아~악!"

설산의 곱고 새하얀 빛깔과 극명하게 대비되는 빙하의 영롱한 비취색은 난생처음 보는 광경이었다. 마치 하늘이 그대로 담겨 있는 것만 같았다. 빙하는 산을 넘던 수증기가 얼면서 만들어진다고 했다. 빙하 색이 유독 파란 하늘빛으로 물들어 있는 이유가 납득됐다. 빙하가 몸집을 키우며 작은 낙빙을 만들어 냈다.

모레노 빙하는 고고한 자태를 고스란히 드러낸 채 내 상식을 과자봉지 구기듯 순식간에 휴지통에 던져버렸다. 머릿속은 상식의 저항으로 복잡 미묘했다. 빙하의 압도적인 위용 앞에서 난 움쭉달싹할 수 없었다. 파키스탄에서 본 빙하도 엄청난 충격을 던져 주었지만, 여기에 비하면 족탈불급(足脫不及)이요, 조족지혈(鳥足之血)이었다.

손맛이 진하게 배인 햄버거를 먹곤 페리 탑승장으로 이동했다. 승객을 태운 페리는 빙수를 헤쳐 반대편 선착장으로 향했다. 페리가 빙하에 가까워지자 승객 모두가 입을 '쩍' 벌린 채 오른쪽 창문에서 시선을 떼지 못했다. 빙하는 어림잡아도 10층짜리 빌딩 높이는 되고도 남았다.

가만히 빙하를 보고 있자, 1981년 개봉한 영화 '슈퍼맨2'에서 슈퍼맨이 연인 로이스를 얼음 요새로 데려가 태생의 비밀을 털어놓던 장면이 뇌리를 스쳤다. 슈퍼맨의 요새가 지구상 어딘가에 있다면 아마 모레노 빙하가 아닐까 싶었다.

선착장에 내리자 트레킹 가이드는 크램폰(Crampon, 등산화 바닥에 부착해 미끄러짐을 방지하는 등산 장비) 착용법과 걷는 요령을 설명했다. 빙하 트레킹이라고 해서 특별한 장비가 필요한 건 아니었다. 절벽을 오르거나, 크레바스(Crevasse, 빙하가 갈라져서 생긴 좁고 깊은 틈)를 따라 내려가는 탐험이 아니기 때문이다.

가이드를 따라 트레킹을 시작했다. 크램폰이 빙하에 박히며 '뽀드득, 뽀드득' 소리를 냈다. 가이드는 미니 크레바스에서 잠시 멈춰 서서 설명을 이어갔다. 가까이 다가가보니 빙하의 갈라진 틈 안에 마치 푸른 네온사인이 켜져 있는 것 같았다.

미니 크레바스를 지나 '절그적, 절그적' 걷다 작은 빙수가 담긴 웅덩이를 만났다. 다들 여기서 빙수를 들이켜며 뜨겁게 달아오른 몸을 식혔다. 빙수가 내 몸속을 푸른빛으로 물들일 것만 같았다.

가이드는 테이블 주변으로 사람들을 불러 모았다. 테이블 위엔 유리잔과 아이리시 위스키 병이 준비돼 있었다. 가이드는 피켈(빙설로 뒤덮인 경사진 곳을 오를 때 사용하는 작은 폴)로 빙하를 쪼아 담은 뒤 테이블 위 유리잔에 아무렇게나

들어부었다. 그리곤 준비된 위스키를 적당량 따랐다. 세월의 조각 위로 뜨거운 위스키가 또르르 흘러내렸다. 차디찬 얼음 조각은 투명한 영혼을 피워 올리며 서서히 녹아들었다. "딸그락. 딸그락." 잔을 빙빙 돌리며 꽁꽁 얼어 있던 시간이 위스키 속에 스며드는 걸 재촉했다. 하얗다 못해 푸른 빙수에 알코올이 더해진 술 한 잔이 한낮의 버스여행처럼 알알하게 몸속으로 퍼져나갔다.

파타고니아 명물, 모레노 빙하

빙하는, 바람과 함께 파타고니아 지방을 대표하는 명물이다. 이 지역엔 50개 이상의 크고 작은 빙하가 있으며, 그 규모는 남극, 그린란드에 이어 전 세계에서 세 번째로 크다. 1981년 유네스코 자연유산으로 지정되기도 했다.

모레노 빙하는 지구온난화로 급속히 줄고 있는 지구상의 다른 빙하와 반대로 유일하게 팽창 중이다. 과학자들도 이런 기현상을 정확하게 설명하지 못한다.

모레노 빙하는 하루 최대 2미터, 1년에 700미터씩 몸집을 불리는 중인데, 수년 만에 호수 건너편에 닿을 정도로 커졌다. 이 때문에 모레노 빙하엔 '하얀 거인'이란 별명이 붙어 있다. 이곳에서 빙하의 붕괴현상을 관찰하기 쉬운 것도 이런 이유에서다. 모레노 빙하는 길이 30킬로미터, 폭 5킬로미터, 높이 60미터에 이른다.

화타와 함께
숲을 걷다

"아침 햇살에 붉게 물든 피츠로이(Fitz Roy)는 시뻘겋게 달궈진 쇳덩어리를 연상시킨다."

세계 5대 미봉 피츠로이를 두고 어느 트레커가 한 말이다.

이 모습을 직접 눈으로 확인하고 싶었다. 깔라빠떼에서 피츠로이를 찾아 엘 찬텐(El Chanten)행 버스에 몸을 실었다. 넉넉잡아 3시간이면 닿을 수 있는 비교적 가까운 거리에 엘 찬텐이 있었다. 왕복 버스 비용은 185페소.

버스는 곧게 뻗은 도로를 순탄하게 달렸다. 도로는 대지의 굴곡에 따라 허리를 굽혔다 폈다 반복했다. 키 작은 수목이 파타고니아의 바람 앞에 한껏 몸을 낮췄다. 도로를 무단횡단 하는 묵직한 바람에 버스가 덜컹였다.

3시간의 버스 여행이 끝을 향해 달렸다. 멀리 피츠로이가 눈에 들어왔다. 엘 찬텐 일정은 2박 3일의 백패킹 코스로 계획했다. 첫째, 둘째 날 각각 쎄로 또레(Cerro Torre)와 피츠로이 밑에서 야영하고, 마지막 날 일출을 감상하고 하산하는 일정이었다. 야영이 부담스럽다면 이틀에 걸쳐 쎄로 또레와 피츠로

이를 따로 다녀오면 된다. 정 여유가 없는 여행자들은 피츠로이만 보는 경우도 많다.

아기자기한 장난감 같은 산골 마을 엘 찬텐은 영화 '사운드 오브 뮤직'의 주인공 마리아 선생님이 꽃바구니를 들고 노래를 부르고 있을 것 같은 모습이었다. 버스에서 내려 심호흡을 하며 폐 깊숙이 엘 찬텐의 맑은 공기를 채워 넣었다.

이번 트레킹은 후지여관에서 만난 한의사 선생님이 동행했다. 그녀는 한의원을 접고 결혼 전 마지막으로 자유를 만끽하는 중이었다. 특히 그녀가 풀어낸 10년간의 순애보는 엘 찬텐만큼 동화 같은 스토리였다. 쾌활한 성격의 그녀는 진짜 나만을 위한 시간 속에서 행복해했다. 세상을 향한 호기심과 여행의 목마름에서 강한 동질감을 느꼈다. 그녀와의 대화 속에서 또 다른 나를 보았다.

한의사 선생님과 피자가게를 찾았다. 첫 야영지 쎄로 또레는 왕복 4시간 코스였기 때문에 배를 채워야 했다. 식사 주문 뒤, 시간차를 놓치지 않고 손목을 내밀었다. 진맥을 해보고 싶었다. 만성 건강염려증을 달고 살아온 내게 한의사 선생님과의 오붓한 시간은 소녀시대와의 데이트보다도 소중한 기회였다. 무지막지한 여행이 내 몸에 어떤 후유증을 남겼는지 모를 일이었다. 조금만 몸에 이상을 느껴도 병원에 드러눕길 좋아하는 내게 이런 극적인 만남도 없었다. 진맥은 역시 족집게였다. 그간 내 병력이 고스란히 열거됐다. 그 사이 한국에서 먹던 피자보다 모차렐라치즈가 대략 2배 이상 뿌려진 걸쭉한 피자가 테이블 위에 놓였다.

등산로는 마을 뒤편으로 뻗어 있었다. 피자로 볼록해진 배만큼 솟아 오른

언덕길이 시작점이었다. 백패킹 장비가 든 묵직한 배낭을 메고 막 산을 오르려던 참이다.

"선생님, 잠깐만요. 좀 천천히 가요. 배가…." 앞서 가던 선생님을 불러 세웠다. 밥을 먹고 곧바로 트레킹을 해서 그런지 오른쪽 아랫배가 아팠다. 다행히 하얀 휴지를 나풀대며 숲으로 뛰어 들어야 할 복통은 아니었다.

그녀는 내 손 어디쯤을 꾹꾹 눌렀다. 혈 자리를 정확히 찾아 적당한 세기로 눌러 주니 금세 통증이 멈췄다. 신비로운 동양의학을 남미 산골 마을에서 체험할 줄이야! 화타의 현신이 내 앞에 있는 게 분명했다. 산에서 여자가 이렇게 든든한 적은 처음이었다.

쎄로 또레로 가는 길은 난이도 하에 속했다. 가파르지 않은 언덕을 가볍게 넘자, 그림 같은 길이 산속으로 길게 이어진다. 정말 저질 중에서도 저질 체력이 아니라면 누구나 도전해 볼 수 있는 코스였다. 길은 말끔히 닦여 있고, 낯선 산세는 걷는 재미를 더했다. 그러다 첫 번째 뷰 포인트를 만났다. 트레커들은 이곳에서 숨을 돌리며 카메라에 풍경을 담았다. 한 시간 남짓이면 마지막 미라도르에 닿을 수 있었다. 서두를 필요 없는, 여유 만끽 걷기가 계속됐다.

숲에는 봄의 따스함이 차오르고 있었다. 야생화가 수줍게 고개를 내밀기 시작한 오솔길을 거닐다 빙하가 내려오는 작은 냇가를 건넜다. 푸른 잎이 돋기 시작한 나무들 사이로 촉촉하게 이슬이 맺혀 있었다. 싱그러운 하루였다.

캠핑장을 지나 마지막 경사를 오르자 사람들이 쎄로 또레를 감상하고 있는 호숫가 미라도르가 나왔다.

'슈우~우웅~ 슈우~우앙~' 태풍을 몰고 다닐 것 같은 우악스러운 바람이 사정없이 밀어닥쳤다. 몸이 몇 발짝 뒤로 밀렸다. 무지막지한 바람에 그대로

등을 돌렸다. 바람은 순식간에 체온을 **빼앗아** 달아났다. 고어텍스 재킷을 꺼
내는 사이 바닥에 내려놓은 카메라가 바람에 나뒹굴었다.

"이런 된장! 으흑~"

하늘은 회색빛으로 변해 있었다. 가까이서 또렷하게 보여야 할 쎄로 또레가
자취를 감추었다. 보이는 거라곤 바람이 일으킨 거친 이랑뿐. 날씨 탓에 트레
커 대부분이 서둘러 발길을 돌렸다. 오래 머물 이유가 없었다. 캠핑장으로 내
려와 서둘러 텐트를 쳤다.

"진짜 야영하시게요? 날씨가 이렇게 안 좋은데….." 든든하게 내 곁을 지켜
주던 그녀가 시름겨운 눈길로 말했다.

"죽기야 하겠어요. 일단 이렇게 된 거 여기서 하룻밤 보내고 내일 아침 상황
을 보려고요." 마초적 결정을 자위하기라도 하듯 자신 있게 대답했지만, 캠핑
장에서 백패킹하는 사람은 나 하나였다. 주변은 고요했고, 산속에서 혼자 밤
을 보낸다는 생각에 덜컥 겁이 났다.

"선생님, 혼자 하산 괜찮겠어요?"

"그럼요. 길도 쉬운걸요."

내 두려움을 들키지 않으려고 난 그녀의 하산을 걱정했다. 그녀는 이런 내
속을 훤히 꿰뚫어보듯 해맑게 웃었다. 추위가 몰려왔다. 버너에 불을 붙이고
혼자 하산해야 하는 그녀를 위해 차를 끓였다. 온기에 몸이 녹기 시작했다. 그
녀는 따뜻한 차를 마시고, 곧장 길을 나섰다.

산은 홀로 남겨진 내게 침묵으로 일관했다. 이따금 산새가 먹이를 찾아 텐
트 주변을 두리번거렸다. 슬라이스 햄, 과일, 빵 그리고 **뻬르넷**(Fernet Branco,
민트향이 강한 술로, 소화 작용을 도와 식후에 활명수처럼 먹기도 한다. 아르헨티나에서

맥주 다음으로 많이 즐긴 술인데 주로 콜라와 섞어 마신다.) 한 병을 꺼내 저녁을 먹곤 그대로 피톤치드 가득한 숲 속의 이른 밤을 잠으로 보냈다.

'따따닥, 따따닥.' 빗방울이 텐트를 노크하는 소리에 눈을 떴다. 시계를 보니 14시간이나 꿈나라 여행을 다녀 온 뒤였다. 이렇게 숲에서 숙면을 취할 수 있다는 게 신기했다. 오랜 여행이 내게 노숙자 DNA를 이식한 듯했다. 밤사이 제법 비가 내린 모양이었다. 날이 쉽게 좋아질 것 같지 않았다. 하산밖에 답이 없었다.

마을로 돌아와 숙소를 잡자 어제 헤어진 한의사 선생님에게 연락이 왔다. 그녀는 날씨가 나빠 걱정했다며 같이 점심을 먹자고 했다. 잠시 뒤 우린 밥 대신 맥주를 벌컥벌컥 들이켰다. 맥주 3병이 순식간에 공병으로 변했다. 알근하게 취기가 올랐다. 그녀가 빈병을 보면서 입맛을 다셨다.

"아니, 무슨 의사 선생님이 술을 이리 드세요?"

"이 정도는 약하게 먹는 거죠. 폭탄주 있으면 좋은데… 쩝, 쩝. 한 병 더 하시죠(웃음)."

"헐~"

"첨에 마신 낄메스(아르헨티나 맥주)가 젤 맛나네요. 그걸로 마실까요?"

사실 이날은 여행 중 맞는 생일이었다. 안주도 없이 맥주 4병으로 생일을 맞는 기분이란….

"어머! 오늘 생일이세요? 이런, 술은 제가 쏠게요. 히히~ 세뇰~ 낄메스 뽀르빠보르~(아저씨, 낄메스 좀 주세요)"

1. 텐트와 트레킹 폴로 잘 알려진 미국 아웃도어 회사 블랙다이아몬드. 피츠로이란 이름을 처음 접한 게 바로 이 회사 텐트에서다. 피츠로이는 흔히 세계 5대 미봉으로 꼽힌다. 그런데 세계 5대 미봉이라고 하니 다른 4개가 궁금해 인터넷을 뒤적거렸다. 유네스코 선정 세계 5대 미봉은 아래와 같다.

❶ 안데스 - 알파 마요

❷ 히말라야 - 마차푸차레

❸ 알프스 - 마터호른

❹ 알프스 - 그랑드조라스

❺ 파타고니아 - 피츠로이

그런데 인터넷에는 '세계 3대 미봉'이란 게 떠돌고 있었다.

❶ 히말라야 - 마차푸차레

❷ 알프스 - 마터호른

❸ 히말라야 - 아마다블람

5대 미봉에 3대 미봉이 들어 있어야 하는 게 상식일 텐데… 뭔가 석연치 않았다. 무슨 기준인지도 모르겠고, 5대 미봉과 3대 미봉을 선정한 기관도 다른 것 같고. 참고로 세계 3대 협곡 트레킹 중 하나로 꼽히는 중국 호도협은 아무리 자료를 찾아봐도 어디서 이런 이야기가 나왔는지 출처를 찾을 수 없었다. 그러다 아주 신빙성 있는 자료를 발견하는데, 요는 이렇다. 3대, 5대 이런 선정기관 대부분이 '여행사'란 사실! 부디 이런 이야

기에 휘둘리지 마시길… 여행상품을 포장하기 위한 얄팍한 상술에 현혹돼
진짜를 놓칠지 모른다.

　2. 파타고니아 여행을 마치고 부에노스아이레스로 돌아가기 위해 깔라
빠떼 공항에 들렀을 때다. 내가 예약한 라데(Lade) 항공편이 '켄슬' 되는 돌
발 상황이 발생했다. 라데항공은 파타고니아를 가장 값싸게 여행할 수 있
는 아르헨티나 저가항공사다.
　잠시 뒤 전화위복이란 사자성어가 딱 맞아떨어지는 대반전이 펼쳐졌다.
라데항공 대신 깔라빠떼에서 부에노스아이레스까지 직항으로 운항하는
아르헨티나항공을 태워 주겠다는 것.
　한 달간의 파타고니아 여행 끝에 이런 해피엔딩이 기다리고 있을 줄이
야! 라데항공을 891페소에 예약했는데 아르헨티나항공은 이보다 가격이
2배 정도 비쌌다. 이 때문에 값싼 라데항공은 서둘러 예약해야만 좌석을
확보할 수 있다. 만약 예약을 못했다면 깔라빠떼 라데항공 사무실에 가보
자. 방법이 생길지 모른다. 나도 여기서 예약에 성공했다.

Interview **극지 마라토너와의 대화**

"사람, 나를 달리게 하는 힘"

●

파타고니아 여행 뒤 부에노스아이레스로 돌아와 상현이(김상현, 29세)를 만났다. 짧은 만남이었지만 강렬한 인상으로 기억에 남은 동생이다.

상현이는 극지 마라토너다. 극지 마라톤은 중국 고비 사막, 이집트 사하라 사막, 칠레 아타카마 사막 그리고 남극 등 4곳에서 각각 250킬로미터, 총 1,000킬로미터를 뛰며 인간 한계에 도전하는 스포츠다.

4개 코스를 완주하면 극지 마라톤 그랜드슬램을 달성하게 된다. 상현이는 마지막으로 남극 마라톤을 남겨두고 있었다. 난 이번 여행 최대의 도전이 될 남미 최고봉 아콩카구아 산행을 앞두고 있었다. 상현이와 같은 방을 쓰면서 이런저런 이야기를 나누었다.

"(남극) 무섭지 않니?"

"네, 무서워요. 형은요?"

"나도 (아콩카구아) 무서워. 그래도 할 거잖아?"

"네."

"뛸 때 무슨 생각하니? 난 힘든 산에 오를 때 아무 생각 안 들어. 그냥 어서 이 길이 끝났으면 하는데."

"저도 그래요. 힘들어 죽겠는데 무슨 생각을 해요."

"그래도 끝나고 나면 또 하고 싶지?"

"ㅋㅋㅋ 맞아요. 힘들어도 끝나고 나서 생각하면 좋지 않아요?"

"그 맛에 하는 거지."

"그런데 넌 어떤 장비 갖고 뛰니?"

"장비요? 돈이 없어서 무거운 게 많아요."

극지 마라톤도 트레킹처럼 장비가 중요하다고 했다. 짐을 메고 뛰기 때문에 경량 장비에 투자를 많이 해야 한다고. 하지만 상현이는 좋은 장비를 갖춘 서양인의 2배에 달하는 무게를 짊어졌다. 내가 봐도 상현이의 장비는 턱없이 부족해 보였다.

상현이와 난 시체처럼 게스트하우스에서 만화책을 보며 빈둥거렸다.

"상현아, 우리 아무것도 하지 말고 잘 먹고 잘 쉬자."

"며칠 쉬니까 아픈 무릎도 좀 괜찮아진 것 같아요."

사실 나도 그랬다. 한 달간의 파타고니아 여행을 끝내고 돌아와 보니 발목이 좋지 않아 3~4일은 거의 나다니질 못했다.

"상현아, 너 그랜드슬램 달성하고 나면 다음 계획은 뭐니?"

"글쎄요."

"세계 3대 마라톤 있잖아. 보스턴마라톤, 런던마라톤… 그런 거 해봐."

"아~ 형~ 일단은 그랜드슬램 하고 나면 당분간 아무것도 안하려고요."

"쉬다 보면 또 하고 싶어질걸. 넌 마라톤 왜 시작했니?"

"그냥 뛰는 사람이 멋져 보여 시작했는데 해보니까 매력 있더라고요. 그래서 빠졌죠. 뛸 때는 힘든데 뛰고 나면 기분 좋잖아요."

"근데 사람들이 너한테 특이하다고 하지?"

"네."

"그 말 듣기 싫지?"

"그쵸! 그 말 짱나요!"

"나도 여행하면서 산만 타고 다니니 그 소리 많이 들었거든. 근데 정확히 이야기하면 특이한 게 아니라 좋아하는 게 다른 거잖아."

"진짜 그래요! 그거죠."

"마라톤하고 산 좋아하는 사람이 얼마나 많아. 본인이 잘 모르고 안 해본 거 하면 특이한 건가? 그렇게 이야기하는 사람의 인생 경험이 부족해 그렇게 보이는 거지. 산이나 마라톤 좋아하는 사람은 우리한테 특이하단 표현 대신 부럽다고 하지. 이건 취향의 문제일 뿐인데 말이지."

"맞아요! 맞아!"

상현이는 내가 아콩카구아 산행을 떠난 뒤 남극까지 완주하며 극지 마라톤 그랜드슬램을 달성했다. 여기다 1년 안에 4개 대회를 모두 완주해 한국인 최초로 명예의 전당에도 이름을 올렸다.

지난해 여름 인터뷰를 위해 대구에서 상현이를 만났다. 그리고 그날 상현이가 내게 던진 이 한마디가 계속 마음에 머물렀다.

"사람을 성장시키는 건 사람이라고 생각해요. 그랜드슬램, 명예의 전당보다 중요한 건 그 과정에서 만난 사람들이었어요."

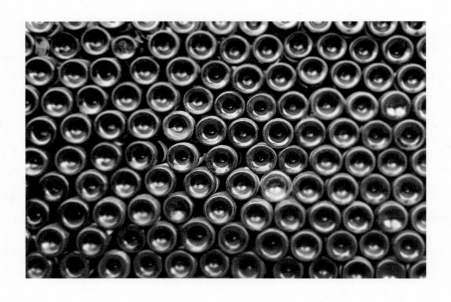

타로 카드를 넘겨보고
생년월일을 풀어보고
손금을 들여다보고
관상을 살펴도
내일은….
숨 쉴 곳을 찾자.

악마의 산으로

남미 최고봉 아콩카구아(6,964m), 바람 속을 걷다

모든 게
열세인 도전

11월 15일. 여행을 시작한 지 정확히 200일째 되는 날이었다. 더는 물러설 곳이 없었다. 이제 가야 할 곳은 7대륙 최고봉 중 하나인 아콩카구아(6,964m, 보통 6,962m로 알려졌지만 최근 측량 결과 2m 이상 높아졌다).

아콩카구아는 '내가 가장 좋아하는 게 뭘까', '어디서 무엇을 봐야 가장 행복할까'란 생각에서 출발한 최대의 도전이었다. 그런데 이런 내 생각을 알아주는 사람은 그리 많지 않았다. 같은 여행자 중에도 나와 다름을 유쾌하게 받아들이는 사람은 극소수였다. '저렇게까지 해야 하나'란 비릿한 웃음을 보내는 여행자도 있었다. 그런 반응을 볼 때마다 이맛살을 찌푸렸지만 그냥 참고 넘겼다.

여기까지 오면서 고비도 많았다. 역시 최대 위기는 킬리만자로 트레킹을 눈앞에 두고 말라리아에 걸려 병상에 누웠을 때가 아닌가 싶다. 자리에서 일어나 창밖의 킬리만자로를 바라보다 '여기서 무너질 수 없다'며 닥치는 대로 입속에 음식을 밀어 넣었다.

마음이 흔들린 적도 많았다. 남미에 도착한 직후부터 줄곧 '아콩카구아에 꼭 도전해야 하나'란 회의감이 들었다. 부담이 커질수록 아콩카구아에서 발생한 사망사고와 관련된 후기만 눈에 들어왔다. 자신감은 통장계좌만큼 줄어들고 있었다. 산이 좋아 떠난 여행자가 산에서 벗어나고 싶어 핑계를 찾고 있었다. 빡빡하게 여행 일정을 짠 사람에게 "여행은 숙제가 아니에요."라고 말하던 인간이 정작 자신의 여행을 마지못해 하는 일처럼 느끼고 있었다.

게스트하우스 매니저가 구수한 부산 사투리로 말했다.

"오빠, 그렇게 걱정되면 그냥 가지 마요!"

"갈 거야! 근데 정상에 못 올라가면 어쩌지?"

"담에 가면 되죠~ 참."

우문현답이었다.

아콩카구아에 오르기 위해선 체력과 정신력은 기본이고, 장비 준비와 식량 조달 등의 문제를 해결해야 한다. 세계 일주 중 이런 어려움을 해결하기란 녹록치 않았다.

현재 가진 장비는 턱없이 부족했다. 특히 텐트는 혹한에서 사용하기엔 무리가 있었다. 동계용 옷으로 중무장하고 추위를 이겨낼 수밖에 없었다. 이번 도전을 위해 서울에 있는 친구에게 맡겨 놓은 헤비 다운재킷과 동계용 팬츠가 며칠 전 태평양을 건너와 있었다. 든든한 장비를 손에 쥐자 깨알 같은 자신감이 스며 나왔지만, 식량 조달이란 숙제를 풀어야 했다.

파타고니아에서 다시 부에노스아이레스로 돌아오는 루트를 짠 것도 바로 이 문제를 해결하기 위한 궁여지책이었다.

먹는 게 부실해지면 체력적으로 한계에 부딪칠 수 있고, 체력 문제는 곧바로 정신력 약화로 이어진다는 걸 너무 잘 알고 있었다. 결국 컨디션 조절이 이번 도전 최대 관건이었다.

또 고산 등정은 쌀밥을 먹어야 하는 한국 사람에게 여러모로 불리하다. 쌀을 갖고 가자니 무게가 문제고, 가져가더라도 낮은 기압에서 밥이 잘 될 리 없었다. 여러 생각 끝에 쌀을 대체할 수 있는 음식을 찾았다. 누룽지! 수분이 거의 없어 무게도 덜 나갔다. 단언컨대 현재 상황에서 누룽지는 대체불가 산행식이었다.

백구촌으로 향했다. 몇 군데 식품점을 둘러봤지만, 누룽지를 찾는 날 신기해하는 눈치였다. 허탈했다. '누룽지 자체 제작에 돌입해야 하는 건가…'

그런데 사설 한인 깜비오에 갔을 때 극적으로 누룽지의 행방을 수소문하게 된다. 백구촌에서 씨가 마른 누룽지는 그리 멀리 않은 곳에 있었다. 택시를 타고 한달음에 황금빛 누룽지가 숨겨져 있다는 약속의 땅으로 달려갔다.

"저, 여기 누룽지 팔죠?"

"누룽지요? 저기 밑에 보시면 있어요."

비닐봉지 안에 쌀알이 황금빛으로 눌어붙어 있는 모습이 눈에 띄었다.

'유레카!'

애타게 찾던 누룽지의 행방이 확인되자 준비에 탄력이 붙었다. 일단 보름치 누룽지를 주문해놓고 며칠을 기다린 뒤 라면·참치캔·육포 등 부식을 준비했다.

또 놀라웠던 건 김치 통조림의 발견이었다. 맛이야 별로 기대하지 않았지만, 어찌 됐건 두 번째 유레카였다. 그렇다고 주머니 사정상 아콩카구아 산행에 필요한 15~20일치 식량을 죄다 한식으로 준비할 순 없었다.

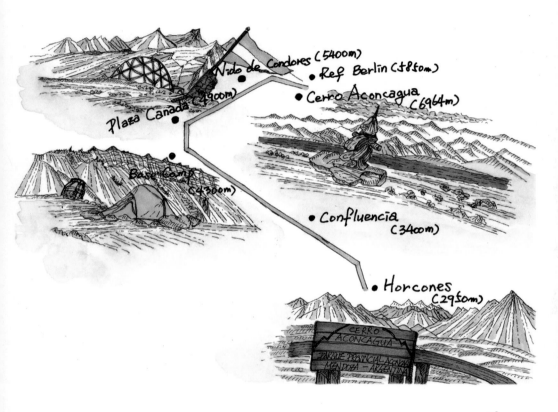

Nido de Condores (5400m)

Ref. Berlin (5880m)

Cerro Aconcagua (6964m)

Plaza Canada (4900m)

Base Camp (4300m)

Confluencia (3400m)

Horcones (2950m)

　11월 20일 오전, 아르헨티나 최대 와인 생산지 멘도사(Mendoza)에 도착했다. 밤 버스의 피곤함도 잊은 채 종일 입산 허가증(Permit)을 받는다고 여기저기 뛰어다녔다(자세한 아콩카구아 등정 준비는 이 책의 부록을 참고하시길). 그리고 이틀 뒤 남미 최고봉으로 향했다.

　퍼밋이 허용하는 최대 일수는 20일. 아콩카구아의 살인적 추위와 7,000미터에 육박하는 고도는 벌써 날 질식시킬 것 같았다. 모든 걸 날려버릴 듯한 성난 바람은 능력 밖의 문제였다. 악마의 산 앞에 내 준비는 한마디로 열세였다. 무엇보다 혼자라는 두려움과 외로움은 이번 도전 최대 난적이었다. 모든 걸 하늘에 맡길 수밖에….

산행 일기
: 절대 고독의 시간

아콩카구아 산행 일기(11월 22일~12월 6일)는 출발부터 하산까지 얼어붙은 손에 온기를 불어가며 텐트 안에서 수기로 적은 글을 바탕으로 했다.

• 0일차 푸엔테 델 잉카, 가혹한 산행을 위한 마지막 준비

오전 6시 30분 뒤척이던 몸을 일으켰다. 호스텔의 형편없는 아침은 남미 최고봉 도전길에 먹을 음식이 아니었다. 처지가 서글펐다.

숙소 벨이 울렸다. 택시기사였다. 배낭과 카고백 등을 서둘러 챙겼다. 당나귀가 베이스캠프인 플라자 데 뮬라스(Plaza de Mulas, 4300m)로 옮겨 놓을 카고백은 혼자 힘으로 감당하기 버거운 무게였다. 이중화, 크램폰 등 멘도사 장비점에서 대여한 트레킹 장비와 아콩카구아에서 먹을 식량이 전부 들어 있는 가방이었다. 택시에 타고 보니 오른손에 힘을 줄 수가 없었다.

약속한 30킬로그램을 넘기지 말아야 할 텐데 걱정이 앞섰다. 당나귀 한 마

리가 최대로 올릴 수 있는 짐은 60킬로그램으로 가격은 편도에 200달러였다. 30킬로그램 이용은 140달러. 이것도 아이마라(Aymara) 캠프에서 식사를 해야 하는 조건이었다. 일단 식량도 아끼고 체력도 비축할 겸 콘플루엔시아(Confluencia, 3,400m)에 머물 동안 총 6끼의 식사와 30킬로그램의 짐을 옮기는 조건으로 260달러에 네고를 마쳤다.

멘도사 버스터미널에 도착해 카고백을 질질 끌며 탑승장으로 향했다. 일찍 도착한 택시 덕분에 50분이나 버스를 기다리게 생겼다. 내 모양새를 훑어보던 한 여행자가 말을 걸어 왔다. 아콩카구아로 가는 두 명의 미국 트레커였다. 카고백 4개를 가져온 걸 보니 철저히 준비한 모양이었다. 고산 경험이 있느냐고 물었더니 킬리만자로에 다녀왔다고 했다. 우린 악수로 건투를 빌었다.

버스는 정확히 4시간 뒤 푸엔테 델 잉카(Puente del Inca, 2,700m)에 도착했다. 트레킹 시작 전 이곳에서 하룻밤 묵어가는 게 순서다. 워낙 작은 마을이라 아이마라 창고가 한눈에 들어 왔다. 혼자 힘으로는 감당이 안 되는 카고백부터 넘기고 싶었다.

'30킬로그램을 넘기면 분명 돈을 더 달라고 할 텐데…' 계체량을 앞둔 권투선수같이 초조한 마음으로 용수철저울에 카고백을 매달았다. 반사적으로 직원과 내가 동시에 저울 눈금으로 시선을 옮겼다. 동상이몽이었다. 저울이 엿가락처럼 늘어지면서 정확하게 30이라고 적힌 눈금에 멈춰 섰다. 피식 웃음이 나왔다.

• 1일차 첫 번째 메디컬테스트

오전 9시, 당나귀 사용 계약을 맺은 아이마라 차량으로 아콩카구아 입구까지 이동했다. 입산 절차는 간단했다. 퍼밋을 보여주고 쓰레기봉투를 받으면 된다. 이곳에서 다시 차에 올라 산행 시작점 오르꼬네스(Horcones, 2,950m)로 이동했다. 들머리에 도착하자 차는 떠나고 덩그러니 혼자 남겨졌다.

스틱을 꺼낸 뒤 신발 끈을 조이고 물 한 모금으로 목을 축였다. 사탕을 하나 물고 '뽈레뽈레' 걸음을 옮겼다('뽈레뽈레'는 '천천히'를 뜻하는 아프리카 스와힐리어로 킬리만자로 트레킹 때 가이드가 입에 달고 살던 말이다.). 아콩카구아 도전의 시작이었다.

첫날 이동은 해발 3,400미터에 자리한 콘플루엔시아까지. 시작점에서 3시간 정도 거리였다. 천천히 걸으며 아콩카구아의 웅장한 산세를 감상했다. 건조한 바람과 풍경이 아콩카구아를 실감나게 해주었다. 멀리 장대한 아콩카구아 남벽(세계 3대 거벽)이 위용을 뽐내며 떡 하니 버티고 있었다.

어렴풋이 캠프동이 눈에 들어왔다. 콘플루엔시아까지는 2시간 45분이 걸렸다. 먼저 레인저사무실을 찾아 퍼밋을 보여주고 캠프 체크인을 마쳤다. 메디컬테스트는 저녁에 받기로 했다(콘플루엔시아와 베이스캠프 플라자 데 뮬라스에서 메디컬테스트를 받아야 한다. 기준을 통과하지 못하면 하산조치가 내려질 수도 있다.).

그런 뒤 아이마라 캠프동에 텐트를 치기 시작했다. 쉴 새 없이 몰아치는 바람 때문에 여간 어려운 작업이 아니었다. 아이마라 직원 로렌아는 튼튼한 텐트가 하나 남는데 거기서 자도 된다고 했다. 고마웠지만 내 텐트가 아콩카구아의 강풍을 견딜 수 있는지 체크하고 싶었다. 텐트를 치고 보니 모래와의 동

침은 불가피해 보였다. 한숨이 나왔다.

해가 넘어가고 메디컬테스트를 받았다. 혈압 120/80, 산소포화도 80으로 기준을 통과했다. 의사는 하루에 4리터 이상 물을 마시라고 했다.

• 2일차 플라자 프란시아(4,300미터)로 고산 적응 훈련

오전 9시 30분쯤 캠프를 나섰다. 고산 적응을 위해 남벽 베이스캠프인 플라자 프란시아(Plaza Francia, 남벽 BC, 4,300m)를 다녀와야 했다. 콘플루엔시아에서 왕복 8시간 거리. 걸음을 최대한 천천히 내디뎠다. 아콩카구아 산군은 파키스탄 카라코람하이웨이를 연상시켰다. 당장이라도 떨어져 내릴 것 같은 깎아지는 암벽이 위협적으로 솟구쳐 있었다.

3시간 정도 꾸준히 오르자 거대한 아콩카구아 남벽이 한눈에 들어왔다. 상상을 초월하는 규모였다. 이 남벽은 3분의 2 이상 오르면 하강이 불가능하다고 했다. 남벽 꼭대기, 아콩카구아 정상 부근이 손에 잡힐 것 같았다. 미라도르에 도착해 도시락을 꺼냈다. 여기서 플라자 프란시아까지는 1시간을 더 걸어야 했다. 벌써 고도는 4,000미터를 넘겼다. 두통이 생겼다. 오늘 트레킹은 여기까지로 결정하고 여유 있게 점심을 즐겼다. 하산 길에선 바람이 자꾸 등을 떠미는 통에 걸음이 빨라졌다. 그럴수록 두통이 심해졌다.

• 3일차 베이스캠프, 플라자 데 뮬라스(4,300m)로 이동

헬리콥터 소리에 텐트 문을 열었다. 곧바로 캠프를 철수하고 아침을 먹었다. 베이스캠프까지는 8시간 거리였다. 갈 길이 멀기에 평소보다 많은 양을 먹었다.

모래 자갈길이 시작됐다. 나무 한 그루 없는 길은 더욱 산행을 외롭게 했다. 사람의 흔적이라곤 이 길을 앞서간 희미한 발자국뿐. 조금만 한눈을 팔아도 길을 놓치기 일쑤였다. 4시간 만에 도착한 피에드라 이바네즈(Piedra Ibanez)에서 날 반겨준 건 새들이었다. 이 척박한 환경에서 생명이 살아간다는 게 신비했다.

가파른 오르막이 시작됐다. 다시 두통이 찾아왔다. 속도를 더욱 늦췄다. 지루한 경사가 계속됐다. 그럴수록 좀비처럼 걸음을 옮겼다. 고개를 하나 넘었다고 생각하면 또 다른 고개가 머리를 내밀었다. 꼭 두더지 게임을 하고 있는 느낌이었다. 8시간 10분 만에 북면 노말루트·베이스캠프(플라자 데 뮬라스)에 도착했다.

아이마라 캠프를 찾았다. 식량과 장비가 들어 있는 카고백을 찾고, 화장실과 식수대를 안내받았다. 베이스캠프의 식수는 눈 녹은 웅덩이에서 끌어다 썼다. 적당한 자리에 텐트를 쳤다. 구름에 가려져 있는 아콩카구아 정상 부근이 흐릿하게 시야에 들어왔다. 두통 때문에 밤새 잠을 이룰 수가 없었다. 베이스캠프의 첫날밤은 길고 길었다.

● 4일차 본격 고산 적응

누룽지를 끓였다. 생각보다 맛이 일품이었다. 아침을 먹고 커피를 한 잔 마시자 두통이 사라졌다. 산책을 겸해 어제 받지 못한 메디컬테스트와 체크인을 하러 레인저사무실로 향했다. 체크인 뒤 레인저가 대변 봉투를 내밀었다. 베이스캠프 위쪽부터는 이 봉투에 용변을 받아 내려와야 한다. 체크아웃 시 이 봉투를 꼭 레인저에게 확인시켜야 하산이 가능하다. 혈압, 산소 포화도, 폐부종 검사로 메디컬테스트를 마쳤다. 모든 게 정상이었다. 먹고, 자고, 산책하며 하루를 보냈다. 내일은 C1(캐나다 캠프/Plaza Canada, 4,900m)으로 올라가 식량을 저장한 뒤 하룻밤 자고 내려올 계획이다.

아이마라 캠프에는 10여 명쯤 되는 단체 팀이 머물고 있었다. 그들은 대형 식당텐트에서 풍족한 음식으로 에너지를 보충했다. 그 모습에 자꾸만 눈길이 갔다. 저런 호사를 누리기 위해선 최소 3,500달러가 필요했다. 개인 등정에 나선 건 나와 오스트리아 트레커들(3명)이 전부였다. 혼자서 도전한 사람은 나밖에 없었다. 외로웠다. 도시에선 시간을 잘 컨트롤하는 사람이 능력을 인정받지만 아콩카구아에선 시간에 잘 순응하는 사람이 능력자다. 기다림이 시작됐다. 오후가 되자 두통이 완전히 사라졌다.

• 5일차 C1(4,900m)에 식량 올리기

하루에 4리터 이상 물을 마시자 밤에 2~3번씩 소변을 보는 게 일이었다. 텐트 안 소변 처리는 1.5리터짜리 페트병을 이용했다. 아침에 눈을 뜨면 가득 채워진 페트병을 들고 화장실을 찾았다.

C1에 식량을 올려놓아야 했다. 이중화(겨울산이나 고산에서 신는 등산화)를 처음 신어보는 날이기도 했다. 식량을 얼마나 옮겨야 할지 고민스러웠다. 넉넉하게 5일치 식량을 준비했다. 베이스캠프엔 1차 등정에 실패할 경우, 한 번 더 전열을 가다듬을 수 있는 식량을 남겨두었다.

단체 팀도 오늘 C1으로 올라가 캠프를 차린다고 했다. 오스트리아팀은 그들을 피해 C1에 식량만 저장해 놓고 다시 하산할 계획이라고 했다. 난 그들을 따르기로 했다.

시작과 동시에 오르막이 시작됐다. 식량이 들어 있는 배낭과 이중화의 무게가 만만치 않았다. 베이스캠프에서 C1까지는 가파른 'Z' 자 모래자갈 길이 반복됐다. C1까지는 3시간 30분 거리다. 4,900미터로 고도를 올리자 두통이 찾아왔다. 먼저 도착한 오스트리아팀의 리더 류에겐이 반갑게 인사를 건넸다. 그들은 3시간 정도 걸렸다고 했다. 난 그들보다 30분이나 늦었다. 체력적으로 처지는 느낌이었다. C1 한쪽에 식량을 저장하고 주변 산책으로 2시간 정도 시간을 보냈다. 오후 3시 30분쯤 하산을 시작, 1시간 만에 베이스캠프로 내려왔다. 내일은 장비를 챙겨 C1으로 캠프를 옮길 생각이다.

오스트리아팀은 미네랄 가루를 물에 타 마시는 치밀함으로 날 놀라게 했다. 눈 녹인 물을 계속 마시면 미네랄 섭취가 부족해 쉽게 피로해지고, 혈압이 높

아지는 등 문제가 생길 수 있다고 했다. 역시 난 준비 부족이었다.

차를 한 잔 마시고 메디컬센터를 찾았다. 여의사 마리아는 고산증에 효과가 있는 이부프로펜(Ibuprofen, 두통약)과 다이아막스(Diamox, 이뇨제)를 처방해 주었다. 자상한 마리아는 기상정보를 소상히 설명하면서 일정을 조율해 주었다.

• 6일차 굿은 날씨, 일정 변경

텐트가 내지르는 비명에 자꾸만 눈이 떠졌다. 그나마 마리아가 처방해준 약 덕분에 전날보단 편안한 밤을 보냈다. 날씨는 마리아의 말대로 갑자기 나빠졌다. C1으로 이동하는 대신 보니떼(5,000m)에 다녀오기로 계획을 변경했다. 보니떼는 C1과 비슷한 높이로 산행 시작 전 적응삼아 오르는 봉우리다. 일정 변경은 마리아의 조언 때문이었다. 그녀는 하루 정도 더 시간을 두라고 조언했다.

보니떼 정상 직전까지 4시간 15분이 걸렸다. 길이 험해 정상은 포기했다. 캠프로 다시 돌아와 거의 1리터가 넘는 물을 벌컥벌컥 들이켰다. 틈만 나면 목구멍을 열고 물을 들이부었다. 물을 많이 마실수록 확실히 두통이 가라앉는 느낌이었다.

다시 마리아를 만나러 갔다. 혈압은 110/75를 찍었다. 산소 포화도는 86까지 치솟았다. 마리아는 "Excellent!"라며 엄지를 치켜들었다. 두통도 없었다. 슬슬 몸이 적응 단계로 접어드는 것 같았다. 오늘도 마리아는 친절하게 상업

등반대 직원에게 날씨정보를 물어주었다. 내일은 오늘보다 날씨가 더 나빠질
거라고 했다.

• 7일차 눈발 날리는 하루

귀마개를 하고 누웠지만 바람 소리를 막기엔 역부족이었다. 밤새 뒤척이다
오전 10시쯤 눈을 떴다. 텐트 문을 열고 밖을 내다보니 희미하게 눈발이 날렸
다. 아콩카구아 입산 후 가장 궂은 날씨였다. 추위와 고도는 그런대로 견딜 만
했으나 아콩카구아의 바람은 적응 불가였다. 아콩카구아를 두 번이나 등정했
다는 푸엔테 델 잉카 숙소 주인이 이 산의 최대 난제는 '바람'이라고 되풀이한
기억이 떠올랐다.

바람 때문에 밖에선 버너에 불을 붙일 수가 없었다. 버너를 조심조심 텐트
안으로 들였다. 누룽지를 끓였다. 밥을 먹고 나자 어제 C1으로 올라간 오스트
리아팀이 베이스캠프로 돌아왔다. 날씨 때문에 서둘러 하산했다고 했다.

벌써 산행 7일째였다. 점점 시간을 보내는 게 힘겨워졌다. 매일 똑같은 산
세와 똑같은 사람들… 지독하게 외로운 하루였다. 손등은 갈라지고 손톱 밑
에 검은 때가 잔뜩 꼈다. 샤워가 하고 싶어 미칠 지경이었다. 내일은 C1으로
올라갈 생각이다. 거기서 하룻밤 자고 다음 날 C2(Nido de Condores, 5,400m)
로 식량을 옮겨야 했다. C2는 해발 5,400미터. 거기서 직접 정상을 공략할 수
도 있다. 이 일정은 정상까지 9~10시간이 필요하다. 보통은 C3(Ref. Berlin,
5,850m 또는 콜레라 캠프, 6,000m)로 한 번 더 캠프를 이동한다. C3는 해발

6,000미터 가까이 된다. 여기서 정상은 6~7시간 거리다.

눈은 오후가 돼서야 멈췄다. 어김없이 저녁 6시에 마리아를 찾아갔다. 산소 포화도는 95를 찍었다. 최고 기록이었다. 혈압도 안정적이었다. 마리아는 "동우! 이제 정상 도전해도 되겠어!"라고 말했다. 기뻤다. 이 한마디에 자신감이 생겼다.

그러나 기온은 급강하했고 여기다 바람까지 거세지면서 체감온도는 뚝 떨어졌다.

• 8일차 뼛속까지 시린 밤

어제에 이어 눈발이 날렸다. 이런 날씨에 C2를 왕복하는 건 무리였다. C1까지 다녀오는 것으로 계획을 수정했다. C1까지는 2시간 30분이 걸렸다. 3일 전보다 1시간이나 단축한 기록이었다. 물론 짐이 없어 가능한 기록이었지만 호흡과 발걸음은 한결 가벼웠다. C1에 도착해 저장해놓은 식량부터 살폈다. 꽁꽁 얼어붙은 자루는 다행히 그대로였다. 내일 날씨가 풀리면 곧바로 C2에 캠프를 차릴 생각이다.

C1을 다녀온 뒤 저녁 시간에 마리아를 찾아갔다. 산소 포화도는 어제와 비슷한 수준인 94를 기록했다. 그녀는 내일이 교대일이라며 미리 작별 인사를 건넸다. 그러면서 자상하게 다이아막스를 넉넉히 처방해 주었다. 약을 받아들 때 잠시 마리아와 눈을 맞췄다. 그녀는 이런 눈 맞춤이 익숙한 듯 시선을 돌리지 않고 포장된 약을 내 손에 직접 쥐어주었다. 나를 걱정해 주는 누군가가 이

곳에 있다는 게 이렇게 힘이 될 줄은 몰랐다. 그녀가 작별을 고하기 전까지 말이다.

난폭한 바람과 눈발이 밤새 계속됐다. 텐트 내부 기온이 영하 12도까지 떨어졌다.

• 9일차 C2(5,400m)에 식량 옮기기

아침에 일어나 보니 정상 부근에 구름이 잔뜩 껴 있었다. 기분이 좋지 않았다. 아껴둔 꽁치통조림으로 아침을 만들었다. 오전 9시 30분쯤 C2를 향해 출발했다. C1까지는 수월했다. 벌써 이번이 3번째 방문이었다. 이곳에서 간단히 점심을 해결하고 저장해둔 식량을 배낭에 넣고 C2로 길을 나섰다. 길은 계속된 눈으로 미끄러웠다. 갈수록 발걸음이 느려졌다. 중간 캠프 없이 한 번에 C2까지 올라가는 일은 생각만큼 쉽지 않았다. 왜 이 짓을 하는지 회의감이 밀려왔다. C1에서 C2까지는 3시간 정도 걸렸다. C2에는 텐트가 몇 동 없었다. 험악한 날씨 탓이었다. 바람에 몸이 휘청거렸다. 제대로 서 있기조차 힘들었다. 이번 시즌 등정에 성공한 사람은 5명뿐이라고 했다. 내가 산에 발을 들인 후론 한 명도 정상을 밟지 못했다.

베이스캠프에 돌아와 보니 C2에 머물고 있던 단체 팀이 내려와 있었다. 다들 표정이 좋지 못했다. 그들은 악천후로 정상 도전을 포기했다고 말했다. 한 해 3,000명 정도가 도전해 이 중 20~30퍼센트만 등정에 성공한다는 얘기가 떠올랐다.

• 10일차 베이스캠프를 짓누르는 불길한 기운

기상 정보를 귀동냥했다. 눈은 그쳤지만 3일 뒤인 5일까지 바람이 강하게 불고 날씨가 안 좋을 거라고 했다. 누구는 6일까지 바람이 심하다고 했다. 누구 말이 맞든 상업등반대가 꼼짝도 않는 걸로 봐선 올라가 봐야 허탕 칠 가능성이 높았다. 정상 부근 최대풍속은 시속 100킬로미터를 웃돈다고 했다. 다른 산에서 이런 소리를 들으면 웃어넘겼겠지만 아콩카구아의 살인적 바람 '백풍'은 이미 잘 알고 있었다.

어제 C2에서 내려온 단체 팀이 하산 준비를 하고 있었다. 모두 허탈한 모습이었다. 큰소리로 불만을 토로하는 사람도 보였다.

식량을 아끼려고 점심을 걸렀다. 캠프에는 새로운 단체 팀이 올라왔다. 그중엔 일본인 '고'도 포함돼 있었다. 고와 한참 이야기를 나누었다. 고가 일본 라면 한 봉지를 건넸다. 난 답례로 커피믹스를 내밀었다. 빡빡한 부식 계획에 숨통이 트이는 순간이었다. 베이스캠프에는 위성 전화·인터넷이 설치되고 10분에 만 원이 넘는 샤워부스가 등장했다. 슬슬 하이 시즌으로 접어드는 분위기였다.

• 11일차 초조(焦燥)

초조(焦燥)했다. 초가 자기 몸을 태우며 키를 낮추는 모습을 지켜볼 때처럼 기다림은 마음을 다급하게 만들었다. 곧 심지가 사라지고 사방이 암흑으로 변

해버릴 것 같은 불안이 마음속에서 몸집을 불려 나갔다.

어제 C2로 올라가 하룻밤을 보낸 류에젠이 돌아왔다. 날씨가 좋지 않다고 했다. 그 말에 더 조바심이 났다. 어떤 판단도 내릴 수가 없었다. 산에 있는 모든 사람이 날씨 이야기뿐이었다.

베이스캠프에는 식량이 거의 바닥났다. 먹기 위해서라도 C2로 올라가야 했다. 하지만 단체 팀은 전혀 움직일 기미를 보이지 않았다.

비싼 값을 치르고 10분간 샤워를 했다. 불안을 잠시 덜어 낼 수 있는 유일한 방법이었다.

• 12일차 한 번은 그 바람 앞에 서보고 싶었어

더 이상 기다리고 있을 수만은 없었다. 각오를 다지고 텐트, 장비 등을 챙겨 C2로 향했다. C1까지는 어려움이 없었다. 하지만 C1을 지나면서 짐을 꽉 채운 배낭이 점점 어깨를 짓눌렀다.

바람에 실린 모래 알갱이가 수없이 선글라스를 두드렸고, 귓가에는 잠시도 쉬지 않고 바람 소리가 울렸다. 스틱이 기계적으로 땅을 찍어 내고 있었지만 발걸음은 리듬을 따라가지 못했다. '허~억, 허~억' 목구멍 안쪽에서 쇳소리가 끓어올랐다. C2 가는 길, 육체의 고통이 정신을 잠식하기 시작했다. '포기'란 단어가 머릿속에 차올랐다. 이번 산행에서 가장 우려한 일이 벌어지고 있었다.

'바드득' 이를 악물었다. 성난 바람이 질주하듯 가슴팍으로 달려들었다. 눈을 부릅뜨며 스틱을 움켜쥐었다. 또 한 번 기다렸다는 듯 비탈길 위에서 낙석 같은 거친 바람이 굴러 떨어졌다. 걸음을 멈추길 수차례. 배낭 허리벨트를 조이고 조였지만 어깨를 짓누르는 고통이 줄어들진 않았다. 행동식을 아무리 먹어도 힘이 솟지 않았다. 그렇다고 돌아갈 수도 없었다. 열흘 넘게 기다린 끝에 얻은 단 한 번의 기회였다. 가야만 했다.

또 한 번 비탈을 쓸며 폭포처럼 바람이 쏟아졌다. 스틱을 땅에 고정시키고 등을 돌렸다. 그러나 전신으로 퍼지는 냉기까지는 막을 수 없었다. 몸이 부르르 떨리고 눈이 저절로 감겼다. 머릿속이 새하얘졌다.

시르죽어 가는 정신을 붙잡았다. 눈앞으로 절망스런 오르막이 솟아 있었다. 한발, 한발… 내가 할 수 있는 전부였다. 바람을 안고 고갯마루에 올랐다. 오르막 끝에 발을 내딛자 두 번 다시 기억하고 싶지 않은 또 다른 오르막이 고개를 세우고 날 기다렸다. 능선으로 길게 이어진 오르막은 희미해져 가는 의욕을 그대로 집어삼켜버렸다.

"하~아, 하~아." 가쁜 숨을 토해냈다.

아스라이 보이는 오르막 끝엔 C2가 있었다. 지금 이 순간 C2는 아콩카구아 정상보다 더욱 간절한 곳이었다. 모래알갱이처럼 부서진 의지를 긁어모았다. 폭풍 같은 바람 앞에 내 의지는 위태롭기 짝이 없었다. 발걸음은 인생 전부를 짊어지고 있는 것처럼 무거웠다. 병든 소처럼 천천히 하얀 눈길에 발자국을 새겼다. 내가 선택할 수 있는 건 없었다. 원망스러운 중력을 떨치며 그렇게 앞으로 나아가야 했다.

날 도와줄 사람은 없었다. 혼자인 걸 인정해야 하는 길이었다. 그저 누군가가 옆에 있어주는 것만으로 위안과 힘을 얻겠지만 다 부질 없는 망상이었다.

고독한 길은 고독하게 즐길 수밖에. 살을 에는 듯한 바람이 뺨을 때리며 지나갔다.

"허~어, 허~어."

떨리는 팔이 스틱을 지탱하지 못했고, 부들거리는 다리는 배낭 무게를 견뎌내지 못했다. 숨소리가 길게 꼬리를 물며 바람 속에 묻혔다.

C2로 향하는 마지막 오르막 중턱, 현기증이 왔다. 몸이 휘청거리며 시야가 흔들렸다. 버텨야 한다는 생각은 나약한 육체 앞에 속절없이 무릎을 꿇었다. 다리가 꺾이며 눈밭에 무릎을 처박았다. 스틱을 놓친 두 손은 몸도, 마음도 어느 것 하나 지탱해 내지 못했다. 무릎걸음으로 바위 옆에 털썩 몸을 뉘였다. 하늘이 동심원을 그렸다. 고통은 없었다. 한기가 치밀었다. 몸이 움직이지 않았다. 의식을 놓고 깊고 아득한 잠에 빠져들고 싶었다.

서른 중반, 구원받지 못한 내 꿈을 찾아보고 싶었다. 진짜 나는 어디에 있단 말인가. 그렇게 시작한 세계 일주였고, 그렇게 도전한 산행이었다. 내 주변이 원하는 모든 걸 등진 길이었다. 직장도, 자동차도, 보험도… 없었다. 내가 가진 건 배낭 두 개가 전부였다. 돌아갈 곳은 없었다. 단지 내가 걸어갈 길이 있을 뿐. 그 길 마지막이 아콩카구아 정상이 됐으면 했다. 꼭 그렇게 만들어 보고 싶었다. 내 진심이 모자란 걸까? 아니면, 내가 너무 많은 걸 바란 걸까?

산 어디쯤에 누워 하늘을 정면으로 응시하는 이 순간에도, 지나온 여행길처럼 혼자였다. 텅 빈 공간의 비애감은 가혹했다. 하늘을 보며 서럽게 울고 싶었다. 울분을 받아줄 누군가가 있다면 멱살을 잡고 한 서린 절규를 토해내고 싶었다.

'왜 난 안 되냐고! 도대체 왜 난… 진절머리 나는 바람 앞에 서서 한번쯤 안

데스를 내려다보고 싶은 게 다였는데! 아~! 아~앗! 아… 아….'

하늘은 무심히 바람을 쏟아냈다. 아무 대꾸 없이.

6시간 만에 C2에 도착했다. 저장해 놓은 식량은 무사했다. 베이스캠프보다 기온이 낮고 바람이 심했다. 그리고 두통이 시작됐다. 한 번에 에너지를 너무 많이 쓴 것 같았다. 마리아가 처방해 준 약을 복용했다.

어설프게 텐트를 치곤 그나마 깨끗해 보이는 눈을 구해왔다. 눈을 녹여보니 모래와 작은 돌멩이가 잔뜩 섞여 있었다. 코와 땀으로 범벅된 손수건에 눈 녹인 물을 걸러 내고 누룽지를 끓였다.

• 13일차 C2, 모두가 떠난 캠프

C2의 밤은 절망적이었다. 바람은 그 어느 때보다 성이 나 있었다.

오전 10시, 자리를 털고 일어났다. 아침을 먹고 있는 사이 C2에 있던 다른 트레커들이 내 텐트로 찾아왔다. 그들은 오늘 밤 바람이 엄청날 거라며 같이 베이스캠프로 내려가자고 권했다. 난 이대로 내려갈 순 없다며 버텼다. 그들은 무슨 일이 있으면 곧바로 내려오라며 신신당부하고 먼저 하산했다. 안데스 지붕 밑에서 생각에 잠겼다. 여행을 시작하고 나서 처음으로 어머니의 편지를 다시 꺼내 읽었다.

'아들아…'

뭉툭한 글씨… 어머니의 당부가 자꾸만 눈에 밟혔다. 산행 시작 전 좀 더 겸

손해지자며 다짐하지 않았던가, 여기서 버티는 건 욕심이었다. 현재로도 충분히 내 능력 밖의 바람과 마주하고 서 있지 않은가. 무게가 나가는 연료와 식량을 저장해놓고 짐을 꾸렸다. 2시간 남짓 걸려 하산을 완료했다. 허무했다. 허공에는 헬리콥터가 떠 있었다. 사람들이 몰려들었다. 무리한 산행으로 인한 사고였다. 캠프 분위기는 무거웠다.

• 14일차 03시 30분의 바람

'하산.'

이날 수첩에 적힌 단어는 하나뿐이었다.

C2에서 조금 가져온 식량을 더해 베이스캠프에는 하루치 식량이 남아 있었다. 여차하면 베이스캠프에서 밥을 사 먹으려고 했다. 끝까지 가볼 심산이었다. C2에도 아직 약간의 식량이 남아 있었고, 행동식은 충분했다. 마지막 발악을 해보고 싶었다. 그런데 갑자기 하산이라니. 그날 밤 예고 없이 찾아온 바람은 내 꿈을 단번에 빼앗아 도망갔다. 상황은 이랬다.

C2에서 내려와 다시 베이스캠프에 텐트를 쳤다. 그날 바람이 조금 더 거칠었던 걸로 기억한다. 남은 식량으로 며칠간 더 버틸 수 있을지 계산하며 침낭 지퍼를 올렸다. 눈을 감자 극심한 피로감이 몰려들었다.

"뭐야! 이게!"

잠을 자다 깜짝 놀라 눈을 떴다. 적당한 높이로 서 있어야 할 텐트가 이불처럼 날 덮고 있었다. 바람 때문에 텐트 폴이 빠진 것 같았다. 텐트 밖으로 엉금 엉금 기어 나와 문제가 된 좌측 폴에 헤드랜턴을 비췄다.

"앗!"

순간 둔기로 머리를 맞은 것처럼 뒷골이 저릿했다. 폴이 부러져 있었고, 텐트 플라이는 세로로 길게 찢어져 있었다. 수습하기엔 일이 너무 컸다. 텐트 플라이를 손으로 들쳐 봤다.

"찌이~익." 손을 대자 얇은 플라이가 한 번 더 괴성을 지르며 찢겨 나갔다. 입에선 신음이 새어나왔고 가슴은 뭉개졌다. 뼛속까지 시린 새벽어둠 속에서 허망함을 달랠 길이 없었다.

새벽 3시 30분 발생한 일이었다. 바람이 휘몰아쳤다. 제대로 서 있기조차 힘든 위력적인 바람이었다. 그리고 추위가 몰려왔다. 당장 할 수 있는 게 없었다. 바람을 피해 상업등반대 식당텐트로 들어갔다. 텐트에는 아이마라 직원이 잠을 자고 있었다. 그는 내 사정을 듣더니 아콩카구아에선 흔한 일이라며 자리를 깔아주었다. 보름간 고생한 일들이 아콩카구아의 바람처럼 빠르게 스쳐 지나갔다. 현실을 받아들일 수밖에 없었다. 부족한 준비 속에도 그간 잘 버텨왔다며 스스로를 위안했다.

날이 밝았다. 베이스캠프에는 지독한 바람이 내려와 있었다. 짐을 챙긴 뒤, 그간 나를 위해 고생한 텐트를 애잔한 눈으로 더듬었다. 조금 전까지 나를 지켜준 든든한 녀석이었다. 주인 잘못 만나 고생이 많았는데 이런 식으로 작별을 고할 줄은 몰랐다. 오전 8시, 정든 텐트를 남겨둔 채 베이스캠프를 등졌다.

"후~우~우~, 꿀꺽 꿀꺽."

묵직한 타격감이 전해지는 담배 한 모금과 청량감 있게 목을 타고 넘어가는 맥주 한 모금. 나른한 권태가 혈관을 타고 전신으로 퍼졌다. 다리가 풀렸다. 국도변 작은 가게 앞에 털썩 주저앉은 채 벽에 기대어 햇살을 맞았다. 산 밑의 따사로운 햇살이 그 순간 무척 낯설게 느껴졌다. 아무 말도 하고 싶지 않았고, 어디로도 가고 싶지 않았다. 짐을 벗어던진 몸은 홀가분했다. 머리를 흔들며 아콩카구아의 시간을 지우려 했다. 그럴 때마다 머리에서 모래가 후드득 떨어졌다. 아콩카구아에서부터 따라온 모래들이었다. 또 한 번 세찬 바람이 먼지를 일으키며 지나갔다. 멍하니 바람을 바라봤다.

Interview **아콩카구아 등정에 성공한 김일영 씨**

성공한 자도 실패한 자도 삶을 배운다

●

　김일영 씨(28)는 2011년 10월부터 2012년 5월까지 세계 일주를 했다. 그의 여행은 내 여행 콘셉트와 정확히 일치했다. 그가 지나온 여행길은 한국~인도 ~탄자니아~남아공~아르헨티나~콜롬비아~미국이었다.

　탄자니아에선 킬리만자로에 올랐고, 아르헨티나에선 혼자서 아콩카구아 정상을 밟는 감격을 누렸다. 또 미국에선 자전거로 1,400킬로미터를 여행하기도 했다. 여행을 준비하면서 그의 블로그(blog.naver.com/dlfdud2)를 알게 됐고, 그의 여행길을 짚어가며 많은 걸 배우고 느꼈다. 우린 서로의 길을 응원하며 그렇게 블로그를 통해 소통을 이어갔다. 목적이 같았기 때문에 쉽게 친해졌다. 내가 아콩카구아 등정에 실패했을 때 가장 슬퍼하고 안타까워한 사람이 바로 그였다. 그리고 한국에서 꼭 소주잔을 기울이자며 약속했다. 지난해 가을의 문턱 거제도에서 실패자가 성공자를 만났다.

동우 : 산이 좋아 떠난 건가?

일영 : 'K2 오지 탐사대'를 계기로 산과 인연을 맺었다. 7대륙 최고봉을 한 번에 다 오르려고 여행을 시작했다. 그런데 막상 해보니 체력·재정적으로 안 되는 일이었다. 세계 일주 후엔 'KB(국민은행) 남극 탐험대'에 선발됐고, 새터민 대학 후배랑 에베레스트 트레킹도 다녀왔다.

동우 : 남극 탐험대는 재미있었나?

일영 : 너무 재미없었다. 처음에는 남극점 찍으러 가는 줄 알았는데 막상 가 보니까 등산을 한 번도 안 해본 친구가 많았다. 그냥 크루즈 여행 수준이었다.

동우 : 아콩카구아에 올랐던 사람이 크루즈 타고 있으니 얼마나 몸이 근질거 렸겠나.

일영 : 진짜 몸이 근질거렸다. 좀 더 큰 도전을 하고 싶었는데 '지금 여기서 뭐하고 있나'란 생각을 많이 했다.

동우 : 세계 일주 하면서 제일 좋았던 건?

일영 : 처음 가보는 나라가 많아서 흥미롭고 재미있었다. 돌아와 보니 이거 보다 힘든 일이 있겠나 싶었다.

동우 : 여행하면서 제일 기억에 남는 건?

일영 :에콰도르에서 제대로 짐을 털렸다. 여권·돈·신용카드·캠코더·카메 라 등이 한순간에 사라졌다. 미국에 가야 했는데 이 사건 때문에 한국에서 여 권이 올 때까지 기다려야 했다. 그렇게 우여곡절 끝에 미국에 도착해 보니 많 은 사람들이 내게 도움을 줬다. 미국에선 자전거 여행을 했는데 현지인 집에

서 자고, 밥도 얻어먹고 그러다 어느 교민 집에서 한동안 머물렀다. 그때 그분
이 "미안해하지 마세요. 지금 받은 도움을 다른 사람에게 갚으면 됩니다."라
고 하셨다. 그 말이 참 기억에 남는다. 여행에서 돌아와 새터민 동생을 데리고
네팔 트레킹을 다녀왔다. 대학 신입생 동생이었는데 한국 사회에 적응하지 못
하고 휴학을 했다고 들었다. 수소문해보니 룸살롱 웨이터를 하고 있었다. 함
께 여행을 가자고 설득했다. 사실 처음에는 이 친구를 통해 이슈를 만들어 다
음 도전 동력으로 삼으려고 했는데, 사람 마음이 그런 식으로 움직이는 게 아
니더라. 여행을 통해 그 후배가 변한 걸 보면 가장 뿌듯하다.

　동우 : 사람이라면 본능적으로 타인의 진심을 느낄 수 있지 않나? 네팔 트레
킹 후 후배는 어떻게 변했나?

　일영 : 4,000미터 고지를 넘을 때였다. 후배가 눈물을 흘리며 소리쳤다. "얼
어붙은 두만강을 수영해 목숨 걸고 탈출했는데 왜 나를 이런 곳에 데려와 고
생시키냐! 형이, 우리 부모님과 내 마음을 아느냐!" 그 길로 하산했다. 현재 그
후배는 복학해 열심히 공부하고 있다.

　동우 : 후배 혼자 내려간 건가?

　일영 : 칼라파타르(5,500m)까지 올라야 한다는 목표가 있었지만, 후배와 함께
산을 내려가는 걸 택했다. 누군가를 위해 내 목표를 포기한 게 그때가 처음이다.

　동우 : 아콩카구아는 둘이서 시작해 혼자 성공하지 않았나?

　일영 : 네팔에서 그때를 많이 떠올렸다. 아콩카구아에선 내려갈 사람 내려가
고, 올라갈 사람 올라가야 한다고 생각했다. 하지만 네팔에선 내 목표를 달성

하는 것보다 동생을 챙기는 게 중요하다고 생각했다.

동우 : 여행을 통해 사람의 중요성을 깨닫게 된 건가?

일영 : 그런 것 같다.

동우 : 아콩카구아 산행 이야기가 무척 궁금하다. 니도캠프(C2, 5,400m)에서 한 번에 정상에 서지 않았나. 그것도 10만 원도 안 되는 텐트를 가지고.

일영 : 사실 니도캠프부터는 바람 소리가 불안해 귀마개를 사용하지 않았다. 그런데 눈을 떠 보니 바람도 없고, 눈도 없는 게 주변이 너무 조용했다. 별이 너무 반짝여 이거다 싶었다. 침낭 주머니에 행동식만 챙겨 정상을 향해 올라가기 시작했다. 그날따라 몸이 무척 가벼웠다. 잠시도 쉬지 않고 행동식을 먹으며 올라갔는데 운 좋게 18일 만에 정상에 서게 됐다.

동우 : 정상에 서는 순간 어땠나?

일영 : 정상에 꽂혀 있는 십자가를 보는 순간 가슴이 사무치면서 포기 안 하길 잘했다고 생각했다. 하면 되는구나 그리고 빨리 내려가야겠다는 생각(웃음). 하산하면서는 함께 도전했다 중간에 포기하고 멘도사에서 날 기다리고 있는 형님 때문에 죄책감이 들었다. 19일 만에 멘도사로 돌아가 보니 이 형님 하시는 말씀이 실종신고를 하려던 참이라고 했다. 나를 보고 눈물을 흘리셨다. 나 혼자 올라간 게 잘한 일인가란 회의가 밀려들었다. 도전이 중요한 건지, 사람과 함께하는 게 중요한 건지 갈등이 많았다. 결국 여행 매너리즘에 빠졌다.

동우 : 왜, 성공한 사람이 매너리즘에 빠지나?

일영 : 이 도전(7대륙 최고봉 도전)을 왜 하는지, 의문이 들었다.

동우 : 아니, 성공한 사람과 실패한 사람이 똑같으면 어떻게 하나(웃음).

일영 : 혼자 정상에 섰다는⋯ 죄책감이 진짜 많이 들었다. 그때까진 사람들을 만나고 인연을 유지하는 것보다 내 일이 항상 우선이었다. 여자 친구 만날 때도 그랬다. 지금까지 내가 무척 이기적인 사람이었구나, 하는 생각을 많이 했다. 결론적으로 아콩카구아가 내 인생에서 최고 경험이 됐다.

동우 : 나에게도 최고의 산이었다. 이 산을 다녀오고 삶의 변화가 생겼나?

일영 : 여행 뒤 자존감이 굉장히 높아졌다. 특별한 사람이란 느낌⋯ 그런데

지나고 보니 그런 것도 아닌 것 같고 좀 염세적으로 변했다. 여행이 인생을 바꿔줄 거라 생각했는데 복학해 보니 달라진 건 아무것도 없었다. 당시엔 책을 써서 이름을 알리고, 인세로 도전을 계속하고 싶었다. 그런데 현실은 전혀 아니더라. 즐거워 시작한 여행이 나중엔 내 발목을 잡고 있는 느낌이었다.

동우 : 여행이 많은 걸 가르쳐 준 거다. 이건 염세적인 게 아니라 현실을 제대로 볼 수 있는 통찰력이 생긴 거다.

일영 : 궁금한 게 있다. 대학 때 세계 일주를 하면 포기해야 할 게 없는데, 직장 그만두고 떠나는 건 다른 문제인 것 같다.

동우 : 지난 책에 이렇게 썼다. '갔다 와서 어떻게 살 건지 생각하는 순간 세계 일주는 내 것이 아니다.' 지금을 살아야 한다. 내려놓고 보니 삶이 더 풍요로워졌다. 한쪽만 보던 인생을 이제는 이렇게, 저렇게 볼 수 있게 됐다. 여행이 포기한 만큼 주지 않을 수도 있지만 일단 내려놓을 수 있는 용기를 내는 게 먼저다. 나머진(미래) 하늘에 맡기고, 지금을 즐기면 된다. 긍정적으로…. 여행하면서 좀 아쉬웠던 건 없었나?

일영 : 7대륙 최고봉에 모두 올라보지 못한 게 아쉽지만(웃음)… 사실 등산복만 입고 다닌 게 제일 후회된다. 기분 좀 내고 싶고, 클럽에도 가고 싶고, 좋은 레스토랑 가서 밥도 먹고 싶은데 매번 꿀렸다. 옷을 살까도 생각했는데, 짐이 될까 봐 꾹 참았다.

동우 : 트레커는 100g에 목숨 거는 사람들 아닌가. 나도 그랬다. 100퍼센트 공감. 자! 자! 자! 우리 2차 갑시다~

오랜만에 들은 그의 소식.

여행을 떠났다고.

어떤 기분으로 떠났을지 눈앞에 그려지니까,

또 애잔한 오후.

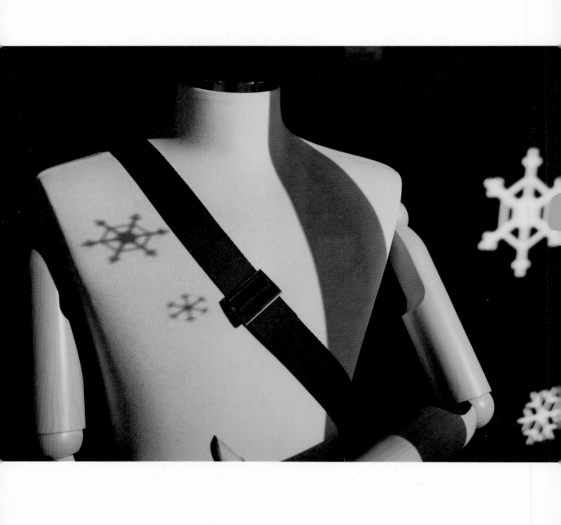

네 번째 여행

머물 때와 떠날 때

볼리비아 · 페루 가장 남미다운 길

보이고 싶지 않은
얼굴

자정 무렵 멘도사로 돌아왔다. 숙소에 맡겨 놓은 짐을 찾은 뒤 샤워기 앞에 섰다. 꽤 오랫동안 망연히 물숨을 받아냈다. 그렇게 하고 싶던 샤워를 하고 보니 꼴이 말이 아니었다. 여행 시작하고 이렇게 파리한 적이 없었는데…. 셀카를 찍어보니 세계 일주 첫 번째 트레킹을 즐긴 중국 호도협 때와 전혀 다른 사람이 나타났다. 쓴웃음이 나왔다.

다음 날 눈을 뜨니 미친 듯 식욕이 당겼다. 질 좋은 아르헨티나 소고기를 맛볼 수 있는 마지막 기회이기도 했다. 숙소 근처 레스토랑에서 얼굴만큼 넓적한 스테이크 한 접시를 허겁지겁 순식간에 해치웠다. 장비를 반납하고 다음 날 칠레 산티아고(Santiago)행 표를 예매했다.

버스가 황무지 위로 곱게 뻗은 길을 달렸다. 버스 승객들이 내 얼굴을 흘깃거렸다. 선글라스로 얼굴을 가려봤지만 보름간 산에서 망가진 몰골을 감추기엔 역부족이었다. 검게 그을린 얼굴엔 선글라스 자국이 흉측하게 도드라졌다. 그나마 마음이 놓이는 건 형편없는 행색이 여행자를 노리는 검은 눈에겐 관심의 대상이 아니라는 것쯤.

간질간질 기포가 올라오는 열탕에 앉아 지친 육신을 늘어뜨리고 싶었다. 그런 뒤 아로마 향이 콧등을 스치는 마사지 침대에 누워 영육의 분리를 경험하고 싶었다. 이곳이 태국 어디쯤이었으면, 하는 상상으로 긴 버스여행의 고단함을 달랬다.

산티아고에 도착해 비몽사몽 버스에서 내리고 보니 역시나 현실은 방콕 카오산과는 거리가 멀었다. 오늘 가야 할 곳은 성업 중인 마사지 숍이 아닌, 아침과 저녁으로 한식이 나오고 무료로 빨래를 할 수 있다는 고려민박(Antonia Lopez de Bello 169 Recoleta Santiago)이었다. 잡념을 쫓아냈다. 오늘 하루를 무사히 보내려면 숙소 찾기가 먼저였다. 낯선 땅의 긴장이 날 다시 두리번거리게 만들었다.

고려민박에서 일주일간 먹고 자며 한량의 시간을 보냈다. 하루, 이틀… 밖에 나가야 할 이유를 찾지 못했다. 여행이 이렇게 데면데면했던 적이 있던가.

밥을 먹고 돌아서면 선하품이 쏟아졌고, 선잠을 자고나면 그새 허기가 졌다. 이따금 빨래로 찌든 때를 벗겨 내며 수챗구멍 속으로 시간을 흘려보냈다. 내 속은 메마르고 스산한 살풍경 같았다. 버려진 폐가처럼 군데군데 허물어지고 깨지고 흠집이 나 있었다. 그 안은 낯을 거세당한 채 냉랭한 기운이 가득했고, 여행의 갈증이나 열정은 찾아볼 수 없었다.

동네 한 바퀴만 돌자는 심정으로 산책을 나갔다 10분도 걷지 못하고 극심한 피로감에 쫓기듯 숙소로 돌아왔다. 어디로 가야 할지 무엇을 해야 할지 머릿속은 북극점 위의 나침반처럼 방향을 잃고 뱅뱅 돌고 있었다.

고려민박은 여행자에게 천국이었다. 하지만 어디에서도 '쾌'(快)란 감정을 느낄 수 없었다. 지옥도 천국도 아닌 중간계에서 길을 잃은 행려병 환자의 심정이었다. 시야를 가린 화이트아웃(Whiteout, 심한 눈보라로 주변이 온통 하얗게 보여 방향 감각이 없어지는 상태)은 계속됐다.

그 무렵, 부에노스아이레스에 있는 M에게 연락이 왔다.

그녀는 아콩카구아 산행 뒤 내 안부를 무척 궁금해했다. M은 24시간 동안 버스를 타고 산티아고에 오겠다고 했다. 난 긍정도 부정도 하지 못한 채 고개를 숙였다. 그리고 고요한 시간의 흐름 속에서 정적을 베고 누웠다. 아콩카구아의 시간이 생생하게 떠올랐다. 장면마다 송곳 같은 후회가 합리화의 방패를 뚫고 가슴을 찔렀다. 돌이킬 수 없는 과거는 내게 실패자란 낙인을 찍었다.

좀 더 용기를 내야 했다. 과감하게 나 자신을 던져야 했다. 말로만 일생일대의 도전이 아니라 진짜 모든 걸 걸었어야 했다. 악천후는 핑계일 뿐이다. 산을 내려온다는 건 곧 육체의 편안함을 약속하는 행동이다. 불편과 고통을 인내하지 못하면 산 아래 평온함은 진짜가 될 수 없는 법이다.

마지막까지 버틴 건 내 자존심이 허락지 않았기 때문이다. 누구보다 나 자신한테만큼은 지고 싶지 않았다. 얼굴이 벗겨지고, 진물이 흘러도 정상에 서 보고 싶었다.

산을 내려오자 이런 불같은 의지는 신기루처럼 사라졌다. 나를 나답게 만들어 주는 마음의 중심은 갈기갈기 찢겨 누더기가 돼 있었다. 나 자신에 대한 확신은 황량한 아콩카구아처럼 건조했다. 이런 비루한 자괴감은 나를 더 깊고 어두운 수렁으로 빠뜨렸다.

M은 이런 초라한 날 보고 싶다고 했다. 난 그녀를 마주할 자신이 없었다. 측

은하게 날 바라보는 그녀의 떨리는 눈빛을 마주할 용기가 없었다. 그녀를 밀어내야 했다. 여행에서, 산에서, 그녀에게서 도망쳐 혼자여야 했다.

저녁 어스름 낀 골목을 들고양이처럼 걷는 게, 내가 할 수 있는 전부였다.

볼리비아 비자 받기

볼리비아 대사관(av. Santamaria 2796)을 찾았다. 고려민박에서 택시를 타면 3,000~4,000페소 정도 나오는 거리. 서류를 작성하고, 사진 한 장, 여권, 신용카드, 황열병 접종 카드를 내밀었다. 직원은 친절하게 그 자리에서 관련 자료를 복사하고 여권과 카드 등을 돌려줬다. 이걸로 비자 발급 완료. 부에노스아이레스보다 산티아고에서 볼리비아 비자를 받는 게 여러 모로 훨씬 쉽다. 비자를 발급받았다면 볼리비아 대사관 길 건너편 쇼핑센터에 가보자. 푸드 코트가 잘 갖춰져 있어 이것저것 사 먹을 게 많다.

볼리비아,
상상했던
진짜 남미의 모습

산티아고를 떠나는 기분은 기계적으로 야근을 하다 집으로 향하는 버스 안에서의 '멍 때림' 같았다.

칠레 북쪽 국경 마을 깔라마(Calama)까지 이어지는 버스여행은 단조롭고 지루했다. 이번 이동에선 어떤 몽상도 설렘도 없었다. 걱정이라면 깔라마에 내려 숙소를 잘 찾아갈까 정도였다.

멍하니 창밖을 바라봤다. 무덤덤하게 풍경을 흘려보냈다. 그 어떤 것도 내 시선을 빼앗지 못했다. 해가 지자 식사가 나왔고, 평소보다 많은 양의 와인을 들이켰다. 취기에 잠을 청했지만, 잠이 오질 않았다. 버스가 푹신한 아스팔트 위에서 어둠을 몰아내며 아침을 향해 달렸다.

깔라마에선 하룻밤 묵어가는 것 말고는 다른 계획이 없었다. 근처 산 페드로 데 아따까마(San Pedro de Atacama)에서 '달의 계곡' 투어를 할 수도 있었지만 모든 게 성가셨다.

숙소를 잡고 보니 한쪽 날개를 잃은 파리가 방바닥을 빙빙 도는 신세가 따로 없었다. 생기 없는 표정으로 배를 채우고 심드렁하게 잠을 청했다. 마른침을 꼴깍거리며 목이 갈라지는 느낌에 잠에서 깼다. 여명이 터오는 새벽이었다. 샤워를 하고 짐을 챙겼다. 배낭을 메고 터미널로 향했다.

버스는 낡고 후졌다. 페인트가 벗겨져 있었고, 시트는 해지고 이곳저곳이 터져 있었다. 아르헨티나, 칠레에서 이용한 덩치 큰 초호화 버스와는 비교할 수 없는 초라한 모습이었다. 버스 안은 볼리비아 사람과 이들이 칠레에서 구입한 각종 물건으로 어지러웠다.

쿠션이 죽은 버스는 덜컹이는 노면 충격을 고스란히 엉덩이로 전해주었다. 국경이 가까워지자 뿌얀 모래바람 날리는 비포장도로가 시작됐다. 남미 최빈국 볼리비아의 도로 사정은 이번 세계 일주 첫 번째 방문국이었던 중국 오지를 연상시켰다.

버스는 좌우 앞뒤 가리지 않고 신나게 웨이브를 타기 시작했다. 방음이 전혀 안 되는 엔진 굉음은 음악을 대신했다. 깔라마~우유니 루트는 도로 사정 때문에 이동이 쉽지 않은 구간으로 손꼽는다.

이런 버스의 불규칙한 움직임이 가라앉아 있던 내 마음에 작은 파장을 일으켰다. 순간 기분이 들떴다. 찌릿한 한 줄기 빛이 척추를 통해 소뇌에 닿은 뒤 지체 없이 전두엽까지 치고 올랐다. 모험을 향해가는 설렘이었다.

역시 럭셔리와는 궁합이 맞지 않는 스타일이란 게 다시 한 번 자명해지는 순간이었다. 비포장도로의 요철은 여행의 감흥과 맛을 다시 북돋아 주었다. 굳은 얼굴엔 활력이 돌았고, 초점 없는 눈엔 총기가 서렸다.

버스가 국경 어디쯤인가에서 다른 버스 옆에 멈춰 섰다. 승객들이 짐을 챙겨 모두 버스에서 내렸다. 그들은 바리바리 싸든 짐을 옆 버스로 옮기기 시작

했다. 깔라마발 버스와 우유니발 버스가 승객과 짐을 통으로 맞바꾸는 생각지도 못한 환승이 이뤄졌다.

"뭐야 이건! 푸~아~하하~" 오랜만에 단전에 힘이 들어가는 너털웃음이 터졌다. 버스 한 대로 깔라마와 우유니를 연결하는 게 아니었다.

"야~아~ 남미스럽네. 정말~"

9시간 만에 우유니에 도착했다. 저렴한 방값으로 유명한 아베니다(Avenida) 호텔로 향했다. 1인실 가격이 30볼(2015년 1월 기준 1볼=159.2원)밖에 안 하는 초저가 숙소였다. 이런 환상적 물가는 파키스탄 이후 처음이었다. 물론 시설은 딱 5,000원짜리 수준이었다.

볼리비아는 칠레의 높은 물가에서 날 완전히 해방시켰다. 길거리 햄버거가 4~6볼 수준이니 이 얼마나 착한 가격이란 말인가. '진작 여길 왔어야 했는데….'

짐을 풀고 아베니다 호텔 정문 바로 옆에 있는 브리사(Brisa)란 회사에서 우유니 1일 투어 가격을 문의했다.

직원은 두당 150볼을 불렀다. 사실 이 가격이 우유니 투어 회사들의 마지노선이었다. 칠레에서 볼리비아로 같이 넘어온 한국 여행자 3명 등 총 6명이 팀이 돼 협상에 들어갔다.

시작부터 저항이 만만치 않았다. 포를 쏘면 미사일로 반격하는 막상막하의 밀당이 이어졌다. 선혈 대신 침이 낭자하는 신경전 끝에 두당 140볼에 가격이 결정됐다.

물론 치열한 밀당은 디스카운트 외에도 상당한 전리품을 선사해 주었다. 예정에 없던 소금사막 일몰까지 감상할 수 있는 플러스알파와 물이 들어차 거울로 변한 하얀 소금사막을 꼭 찾아준다는 약속까지 받아냈다. 장화를 싼 가격에 빌린 것도 치열한 공방전의 소득이라면 소득이었다.

저녁을 먹고 다음 날 투어를 위해 일찍 잠자리에 들었다. 아콩카구아에서 보름의 시간을 보냈는데도 숨이 차올랐다. 순토시계는 해발 3,500미터를 가리켰다. 잠이 오질 않았다. 아르헨티나·브라질 축구 국가대표팀이 볼리비아에서 경기만 하면 죽을 쓰는 이유가 이해됐다.

그건 그렇고, 남미 물가는 고도에 반비례하는 건가?

아따까마 투어

칠레와 볼리비아 국경 마을 산 페드로 데 아따까마. 이곳은 우유니 소금
사막으로 향하는 2박 3일 일정의 지프 투어가 시작되는 동네로 언제나 여
행자로 붐빈다. 아따까마 사막은 소금사막과 모래사막이 같이 있는 특이
한 지형이다. 과거 바다였던 곳이 지반이 융기하면서 소금사막이 형성된
것. 아따까마 사막은 지구상에서 가장 건조한 지역으로, 중심부는 500년
째 단 한 번도 비가 내리지 않아 미생물조차 살지 못하는 죽음의 땅이다.

특히 이곳은 '달의 계곡' 투어로 유명하다. 이 투어는 이름에서 알 수 있
듯 달 모양의 계곡 지형을 따라 이동하는 관광 상품이다. 독특한 협곡을
걷는 경험은 남미 여행에서 잊을 수 없는 추억을 선사해 줄 거다. 오후 늦
게 트레킹을 겸해 시작되는 투어는 사구에 올라 일몰을 보는 것으로 마무
리된다. 투어 가격은 보통 우리 돈 2만 원 선이다.

세상에서
제일 큰 거울,
우유니

유난히 파란 하늘, 지독히 맑은 햇살, 사무치게 시원한 공기… 눈을 비비며 들이켠 음료수 맛은 들척지근했지만, 상기된 기분까지 바꿔 놓지는 못했다.

투어 차량에 오른 사람들은 기지개를 켜며 환호성을 질렀다. 그도 그럴 것이 불규칙한 도로 위에서 엉덩이를 들썩이며 달려가고 있는 곳은 하얀 소금이 지평선까지 이어지는 비현실의 극치 우유니 소금사막!

'우유니.' 1월 1일자 신문 1면의 일출 사진처럼 식상한 단어였다. 하지만 남미를 여행하면서 이곳을 보지 않는 건 파리에서 에펠탑을 보지 않는 것과 같은 일이었다.

어느새 투어차량은 '기차 무덤'(Cementerio de Trenes) 앞에서 속도를 줄였다. 기차 무덤은 소금사막과 더불어 우유니 최대 관광지로 손꼽힌다.

사진으로만 보던 기차들의 안식처가 황량한 벌판 위에 자리 잡고 있었다. 볼리비아 철도는 1880~1890년 사이 광물자원 수송을 위해 영국인이 건설했다. 버려진 기차는 1907년부터 1950년까지 사용되던 것들이다. 우유니가 속

한 포토시(Potosi) 주는 남미 최대 은광이 있던 곳이기도 했다.

수탈에 이용됐던 기차들의 운명은 기구해 보였다. 한때는 허리가 휠 정도로 자원을 가득 등에 업고 철길을 달렸을 녀석들이 죽어서도 편히 쉬지 못하고 있다. 어느 누구도 50~60년 전 쌩쌩 달리던 기차의 최후를 애처롭게 바라보지 않았다. 기차가 누워 있는 황량한 풍경은, 과거나 지금이나 같은 모습이었을 거다. 달라진 게 있다면 기차 위에 붉은 녹빛으로 내려앉은 시간의 두께뿐. 이곳에서 여행자가 즐기는 건 저금통 속에 켜켜이 쌓인 동전 같은 시간의 모습이었다. 시간을 재촉하듯 뿌연 모래바람이 매섭게 날렸다.

차는 다시 백색 나라를 향해 달렸다. 얼마 가지 않아 지구라고는 도저히 생각할 수 없는 상상 너머의 풍경이 펼쳐졌다. 온몸의 신경세포가 팽팽한 긴장과 흥분에 빠져들었다.

해발 3,600미터가 넘는 곳에 소금사막이 1만 2천 제곱킬로미터에 걸쳐 펼쳐져 있었다. 소금 매장량은 약 100억 톤. 이런 객관적 수치는 이곳에서 아무 소용없었다. 절세가경을 두 눈으로 볼 수 있다는 것만으로 모든 게 만족스러웠다. 형용할 수 없는 감동이 몸속 구석구석을 돌며 모세혈관까지 퍼져나갔다. 파란 하늘을 뚫고 내려앉은 햇살은 백색 이불 위에 반사돼 모든 근심과 시름을 하얗게 태워버렸다.

파란색과 하얀색으로 이뤄진 지극히 단순한 세상 그리고 그 위를 점처럼 채우고 있는 여행자의 모습은 이질적이었다. 멀리 세상 끝까지 이어질 것 같은 소금사막이 소실점에서 파란 하늘과 맞닿았다. 그 접점에서 아지랑이가 피어올랐다. 물이 차오른 소금사막은 크기를 가늠할 수 없는 거울로 변해 있었다.

자칫 밋밋했을 법한 소금사막 위에 자동차 한 대가 외계행성을 탐험하는 우

주선처럼 도드라졌다. 현실감 없는 전경은 현기증이 날 정도로 아름다웠다. 바람도 숨을 죽이고 있었다.

그 사이 빛은 지평선 너머 구름 사이로 천천히 숨어들었다. 파란 하늘이 금빛으로 물들며 절정으로 치달았다. 소금사막의 일몰은 황홀함 그 자체였다. 어둠이 빛을 내몰자 소금사막은 또 다른 쇼를 시작했다. 하루의 끝이 만들어 내는 황홀한 변화는 감격스러웠다. '첨벙첨벙' 물이 차오른 소금사막을 걸으며 클라이맥스를 즐겼다. 또 하루가 시들며 서산으로 넘어갔다. 거울 속에 비친 내 분신도 천천히 스러져 갔다. 한 거문고 연주자에게 '이 곡의 의미가 무엇입니까?' 하고 물었더니 다시 한 번 음악을 연주했다는 이야기처럼 우유니 소금사막은 끝내 말이 없었다.

우유니 투어

우유니 소금사막을 보기 위해선 투어를 이용하는 게 일반적이다. 투어는 1일 투어, 1박 2일 투어, 2박 3일 투어로 나뉜다. 당일 투어(점심 식사 포함)는 아침 10시쯤 우유니 마을을 출발해 기차 무덤을 구경한 뒤 소금사막을 둘러 보는 일정이다. 가격은 보통 150볼에서 시작하는데 네고에 따라 어느 정도 절충 가능하다. 말만 잘하면 소금사막에서 일몰을 보고 올 수도 있다. 당일 투어 뒤 라파즈(La Paz)로 가는 여행자는 저녁 8시 출발 버스를 타면 된다.

1박 2일 투어는 우유니 소금사막 안에 있는 소금 호텔에서 하루를 보내며 일몰과 일출 등을 볼 수 있는 게 장점이다. 가격은 450볼 선.

2박 3일 투어는 보통 우유니 소금사막을 지나 칠레로 넘어가거나 반대로 넘어올 때 이용한다. 단, 2박 3일 투어는 소금사막에 머무는 시간이 짧다는 단점이 있다.

라파즈의
이발사

우유니 소금사막 투어를 마치고 볼리비아 수도 라파즈행 버스에 올랐다.

저녁 8시 출발하기로 한 버스는 당연하다는 듯 연발이었다. 우유니~라파즈 구간은 보통 10시간 정도 걸린다.

승객은 모두 배낭여행자였다. 출발 전 버스 기사아저씨와 안내양이 승객 앞에 나란히 섰다. 기사아저씨는 스페인어로 무엇인가를 열심히 설명했고, 안내양은 이 말을 영어로 통역했다. 말을 들어 보니 도로공사 인부들의 파업으로 4~6시간 정도 시간이 더 걸린다는 내용이었다. 볼리비아에선 흔한 일이라고 했다. 한마디로 날이 좋지 않았다.

버스는 변비에 걸린 것처럼 가다 서다를 반복했다. 한 번 서면 30분간 멈춰 있을 때도 많았다. 남미 여행 중 최악의 이동이었다. 버스 안은 추웠고, 난 밤새 뒤척이며 어둠을 온몸으로 받아냈다.

등걸잠을 자고 눈을 떴다. 몸은 천근만근이었다. 정신도 비칠대며 정상이 아니었다. 시곗바늘이 정확히 한 바퀴를 돌아 제자리에 설 때쯤 버스는 어느 도시에 정차했다. 라파즈라고 생각하고 싶었지만, 여기서 4~5시간은 더 가야 한다고 했다. 오랜만에 경험하는 야간 비포장길이 주는 뻑뻑함은 상갓집에서 밤을 새우고 맞는 아침같이 찌뿌둥했다.

밤새 비포장도로를 달려온 버스 기사아저씨는 펑크 난 타이어를 갈아 끼웠다. 그제야 밤새 승차감이 급격하게 나빠진 이유가 이해됐다. 아침으로 나온 스낵과 요거트가 넘어가질 않았다.

타이어를 갈아 끼운 버스는 그렇게 5시간 30분을 더 달렸다.

심신이 거의 한계에 도달했을 때 갑자기 승객들이 술렁이기 시작했다. 버스 기사아저씨는 센스 있게 라파즈가 한눈에 내려다보이는 뷰포인트에 차를 세웠다. 사랑에 빠진 남녀 한 쌍이 진한 키스를 나누고 있었다. 그들은 라파즈가 '평화'란 이름의 도시란 걸 몸소 가르쳐주었다.

"대박! 여기가 진짜 남미네!"

라파즈에 도착해 숙소를 잡고 보니 근처에 이발소와 미용실이 즐비했다. 내 헤어스타일은 6개월간 머리 손질을 하지 않은 탓에 옴므파탈 매력(?)을 발산하는 사자머리를 하고 있었다. 머리를 조금 더 기르면 조선시대 죄인의 목을 치던 망나니를 연상시킬 기세였다.

예상치 않은 곳에서 만난 이발소와 미용실이 자꾸만 시선을 잡아끌었다. 무엇보다 수많은 이발소와 미용실이 이렇게 집단으로 성업할 수 있다는 게 신기했다.

숙소 건너편 이발소에 가격을 문의하니 이발은 15볼, 면도는 10볼 선이었다. 머리 한 번 자르는 가격이 2,000원이란 이야기였다. 가격은 둘째 치고 이들의 실력을 어떻게 믿는단 말인가. 잘못된 선택이 치명상을 남길 수도 있었

다. 물론 현재 몰골 자체가 더 치명적이긴 했다. 산에서 검게 그을린 피부에 사자머리, 여기서 더 망가질 게 없긴 했다.

잘못된 판단이라는 걸 알면서도 단돈 2,000원이란 말에 무빙워크를 탄 듯 자연스럽게 이발소 안으로 미끄러져 들어갔다. 이발사아저씨는 내가 신기했고, 나는 그가 신기했다. 이발사아저씨는 내가 극동에서 온 사람인지, 동남아에서 온 사람인지 아니면 볼리비아 현지인이지 분간이 되지 않는단 눈치였다. 그는 순간 자신의 위치를 깨달았는지 국적 불명 여행자를 자리로 안내했다.

"운뽀꼬(Un Poco)." 스페인어로 조금만 잘라 달라고 했다. 이 말이 이 상황에서 맞는 표현인지 몰랐지만 다행스럽게 뜻이 통했다.

이발사아저씨가 알겠다며 고개를 끄덕였다. 그는 일단 분홍색 알코올이 든 램프에 불을 붙이며 범상치 않은 시작을 알렸다. 그리곤 빗과 가위를 차례로 알코올램프에 갖다 댔다. 이어 또 다른 알코올 스프레이를 능숙하고 과감하게 램프에 뿌렸다. 순식간에 알코올이 허공을 태우며 화염방사기에 버금가는 화력을 선보였다. 소독치고는 무척 과한 느낌의 '불쑈'가 펼쳐졌다.

"와우!"

이발사아저씨의 공연 같은 화려한 준비를 보곤 그만 탄성을 지르고 말았다. 그는 충분히 소독된 가위와 빗을 몇 차례 더 '초벌구이'했다. 동그래진 눈으로 이 모습을 보고 있던 내게 이발사아저씨는 흐뭇한 웃음을 날렸다. 그는 천천히 내 머리를 빗겼다. 그런 다음 머리끝을 보여주며 이만큼만 자르면 되느냐고 물었다. "씨! 씨!" 딱 적당한 길이였다. '싹둑' 머리카락이 잘려 나갔다. 오랜만에 들어보는 경쾌한 가위질 소리였다. 그런데 가위질 소리는 채 열 번을 넘기지 못했다. 그걸로 이발은 끝이었다. 6개월간 머리를 안 잘랐는데 가위질

10번이라니! 이 말도 안 되는 어이상실 시추에이션은 도대체 뭐란 말인가.

아무리 사자머리를 한 뜨내기손님이라지만 너무한다는 느낌이 들었다. 사실 장기 여행에서 머리를 잘라도 그만, 안 잘라도 그만이었지만 제값은 받고 싶었다. 거울 밑에 놓인 숱 가위를 가리켰다.

이발사아저씨는 그제야 별 필요 없는 가위질이란 식으로 듬성듬성 숱을 치기 시작했다. 순간 왜 숱을 치지 않았는지 대충 짐작이 됐다. 가위 날이 거의 다 죽어, 머리카락이 잘려 나가는 게 아니라 뽑혀 나가는 식이었다.

"아~앗! 아놔!"

내 작은 비명에도 이발사아저씨는 아랑곳 않고 가위질을 계속했다. 그런 뒤 그는 한마디 상의도 없이 구레나룻을 싹둑 밀어 버렸다. 한국 미용실에선 으레 구레나룻 끝을 뾰족하게 다듬지만 칼질 한 번에 돌이킬 수 없는 상황이 벌어지고 만 것. 구레나룻이 사라지자 사자머리와 조화를 이루며 라파즈 버전의 컨트리 스타일이 완성됐다. 이발사아저씨는 의도한 스타일이 제대로 표현된 것처럼 '므흣한' 미소로 날 내려다봤다.

다음은 면도 차례. 한마디로 이런 면도인 줄 알았으면 절대! 절대! 절대! 하지 않았다.

이발사아저씨가 새 면도 칼을 꺼내 면도기에 꽂아 넣었다. 그런 다음 수염이 덥수룩하게 난 내 턱과 뺨 부위에 골고루 알코올을 발랐다. 보습기능이라곤 전무한 순수 알코올을 그냥 피부에 발라 버리는 천인공노(天人共怒)할 일이 내 피부 위에서 벌어지고 있었다. 가만 보니 소독은 해야겠는데 피부에 '불쑈'를 할 수 없어 선택한 차선책 같았다.

알코올이 시원하게 피부에서 증발했다. 그는 곧장 칼을 내 뺨에 갖다 댔다.

"오~ 이런 맙소사!"

면도엔 큰 게 하나가 빠져 있었다. 거품칠은 고사하고 비누칠도 없었다. 거품 면도를 상상했지만, 현실은 수염 나고 처음 해보는 초건식 면도였다. 중간에 면도를 그만두고 싶어도 순식간에 뺨 한쪽을 다 밀어버린 뒤였다. 면도가 끝나자 이발사아저씨가 다시 알코올 스프레이를 집어 들었다. 그리곤 초건식 면도로 한껏 놀란 피부에 순정 알코올을 꼼꼼히 분사했다.

"뭐야! 앗 따가워~어!" 턱을 들어 거울을 보니 군데군데 피가 나고 있었다. 손가락으로 상처 난 곳을 가리켰다.

"운뽀꼬!" 이발사아저씨가 능치며 말했다.

마녀 시장

'마녀' 하면 연상되는 각종 주술과 큰 항아리를 상상하며 찾아간 라파즈 '마녀 시장'.

이 시장은 원주민들이 약초, 부적 등을 사고팔면서 이런 이름으로 불리기 시작했다고 한다. 시장을 어슬렁거리다 보면 새끼 라마가 박제된 채 주렁주렁 매달린 괴이한 광경을 쉽게 목격할 수 있다. 이곳 주민들은 새 집을 지을 때 말린 라마를 마당에 묻으면 행운이 온다고 믿는다. 또 해골, 구운 지네, 말린 박쥐, 태반 등 주술에 쓰이는 희귀한 물건이 시선을 떼지 못하게 한다. 병을 치료하기 위한 희귀 약초 등도 구경거리다. 한쪽에선 관광객에게 행운과 여행의 안녕을 기원해 주는 주술 세트를 팔기도 한다.

단, 마녀 시장은 날치기, 소매치기 등이 빈번한 곳이니 꼭 주변을 잘 살피고 가방·카메라 등 소지품 관리에 신경 써야 한다.

가난한 여행자여!
볼리비아로 가라

4성급 호텔 출입!

지금까지 내 여행기를 꼼꼼히 정독한 독자라면 '몇 천 원에 침 튀기는 네고를 서슴지 않는 인간이 무슨 4성급 호텔 출입이냐'며 반문할 만한 역사적 사건이 이제부터 시작된다.

라파즈에선 그간의 빈티 나는 여행을 버리고 진한 돈 냄새 풍기는 럭셔리 여행이 서막을 알렸다. 그간 찌질한 여행을 동정심으로 재미있게 읽어 주신 독자에겐 이쯤에서 작별(?)을 고한다. 럭셔리 여행을 좋아하지 않는 분들은 여기서 책을 덮어도 된다.

라파즈 중심가 산 프란시스코(San Francisco) 광장에서 조금만 내려가면 4성급 호텔 라 까소나(La Casona)가 자리 잡고 있다. 라파즈에 도착해 며칠 동안 이곳에서 점심 식사를 해결했다. 상상이 되는가? 4성급 호텔 밥이라니. 푸핫~

샐러드바 무제한 이용을 포함해 빵·수프·메인요리·디저트까지 나오는 점심 코스가 바로 내가 라파즈에서 즐겨먹던 음식이었다. 배낭여행자의 주머니

사정으로 이게 어디 가당키나 한 식사란 말인가.

그런데 놀라지 마시라! 이 식사 가격은 우리 돈 5,000원(35볼) 남짓. 그야말로 판타스틱, 서프라이즈 가격! 빵빵하게 터지는 와이파이는 덤.

메뉴판을 받아 보고 몇 번이나 가격을 다시 확인했는지 모른다. 물가만 따진다면 볼리비아는 레알 진심 배낭여행자의 천국이다. 시장에서 로컬 음식을 사 먹으면 15볼이면 마음 편히 셈을 치를 수 있다. 여기다 여행 중 잘 먹지 못하는 과일은 왜 또 이렇게 싼지, 볼리비아는 분명 호사를 부릴 수 있는 장소로 손색없었다.

라파즈에는 '코리아타운'이란 한식당이 딱 한 곳 있는데 여행 중 한식을 가장 저렴하게 사 먹은 곳도 바로 여기였다. 산 프란시스코 광장에서 멀지 않은 한인 마트도 다른 남미 국가에 비하면 싼 편이다. 그렇다고 아프리카처럼 길거리에서 사람을 피곤하게 하는 호객행위도 거의 없다. 도난, 분실만 조심하면 동남아 휴양지 생활을 만끽할 수 있는 곳이다. 물론 고소적응이 돼야 하지만.

즐길 수 있는 투어도 적잖다. 일단 와이나포토시(6,088미터)를 포함해 6,000미터 이상 고산 트레킹 코스가 즐비하고 가격도 아콩카구아에 비하면 터무니없는 수준이다. 트레킹을 좋아하는 여행자가 볼리비아를 그냥 지나친다는 건 커피 중독자가 모닝커피를 안 마시는 것처럼 힘든 일이다. 볼리비아 최고봉 사하마산(Sajama, 6,542미터) 등정은 2인 기준 우리 돈 40~50만 원 정도면 도전 가능하다. 볼리비아에선 4,000미터까지 차량으로 이동한 뒤 트레킹을 시작하는 코스가 많아 일정이 그리 길지 않다. 초기 고소적응은 라파즈 여행으로 대체하면 된다.

특히 여행자에게 잘 알려진 '데스 로드'(Death Road) 투어는 자전거 등급에 따라 차이가 나지만 300~450볼 사이다. 또 팜파스·승마 투어 등도 저렴한 가격에 즐길 수 있다.

남미 여행에서 볼리비아는 콜롬비아와 더불어 비용 부담 없이 휴양과 여행을 만끽할 수 있는 최적의 장소로 꼽힌다. 제대로 된 마사지 문화만 있다면 남미의 태국으로 불러 주고 싶은 심정이다.

볼리비아식 별미

아르헨티나에서 밀가루 반죽 속에 고기나 야채를 넣고 구운 전통요리 엠빠나다(Empanada)를 맛본 적 있다. 만두와 비슷하게 생겼지만 식감은 조금 더 남미스럽다. 그런데 볼리비아엔 엠빠나다보다 더 크고 맛 좋은 살테냐(Salteña)란 별미가 있다. 살테냐 속에는 고기와 야채를 버무린 양념이 들어 있는데 우리 입맛에 무척 잘 맞는다. 또 빵 사이에 두툼한 편육이 들어가 있는 볼리비아식 햄버거는 맛의 외연을 넓혀주기 충분하다. 밤이면 노상에서 진한 연기를 풍기며 익어가는 꼬치구이도 별미다.

라파즈에서 떠올린
13살의 깨달음

　여성 독자들이여! 군대 축구만큼이나 재미없는 이야기를 좀 해야 할 것 같아 마음이 무겁다. 이번 에피소드를 이해하기 위해 꼭 필요한 내용이니 잠시만 분노를 삼키길, 빛바랜 추억을 최대한 흥미롭게 써볼 것을 약속한다.

　때는 1990년으로 거슬러 올라간다. 초등학교 6학년. 친구와 드잡이하며 교실 벽을 로프 삼아 미국 인기 프로레슬러로 빙의돼 경기를 몸소 체험하던 시절이었다.

　'우지지~이~익!' 순식간에 옷 한쪽이 실밥을 토해냈다. 친구는 서글프게 울며 집으로 돌아갔다. 미안한 마음에 친구의 뒷모습을 끝까지 눈 배웅하던 기억이 난다. 그로부터 며칠 뒤, 당대 최고의 매치로 꼽혔던 '헐크 호건 VS 워리어'의 경기가 중계됐다. 내게 이 경기는 '뉴 키즈 온 더 블록' 내한공연에 버금가는 엄청난 사건이었다.

　당시 ABC에 통달하지 못한 내게 AFKN(주한미군방송)은 크나큰 좌절이었다. 동시에 마음과 마음이 통하는 데 언어가 전부가 아니란 사실을 깨닫게 했다.

내 나이 13살, 세상에서 얻은 첫 번째 통찰이었다.

땀이 흥건한 손을 맞잡고 경기에 몰입해 있던 난 도저히 누굴 응원해야 할지 결정을 내릴 수 없었다. 이 경기는 내게 너무 큰 화두였다. 두 거구는 경기를 통해 삶의 희로애락을 쏟아 냈다. 경기를 지켜보는 내내 희열·기쁨·안타까움·열정·땀·승부·거짓·기다림·절정… 만감이 교차했다. '슈퍼스타 K' 최종회의 기쁨과 안타까움은 여기 비할 바가 아니었다. 초딩 6학년의 가슴이 펄펄 끓어오르는 가마솥처럼 수많은 감정을 발산하고 있었다.

그랬던 코흘리개 아이가 지구 한 바퀴를 돌겠다며 라파즈에 와 있었다. 그러다 한 장의 프로레슬링 찌라시를 보고, 두근두근 가슴이 뛰었다. 흑백사진 같은 옛 추억이 떠올랐다. 피식 웃음이 나오는 찌라시 앞에서 한참을 서성이며 경기 날짜와 시간을 메모했다.

고물 택시는 낑낑거리며 라파즈의 언덕을 올랐다. 경기장은 해발 4,000미터에 있었다. 숙소에서 500미터나 더 올라간 높이였다. 굳이 레슬링 경기를 보지 않더라도 한 번쯤 가볼 만한 장소였다. 이곳에서 보는 라파즈 전경은 경국지색이라 해도 손색이 없었다.

오후 3시로 알고 간 경기는 오후 4시에 시작된다고 했다. 마침 경기장 뒤편으로 제법 큰 시장이 서 있었다. 요기도 할 겸 시장으로 향했다. 시장은 북새통이었다. 꼭 5일장에 온 것처럼 흥이 났다. 지금은 한국에서 잘 찾아볼 수 없는 길거리 아이스크림 장수가 즐비했다. 정체를 알 수 없는 아이스크림콘 하나 가격은 1볼(우리 돈 150원 정도). 냉큼 아이스크림 하나를 집어 들었다.

옆 좌판엔 토막 수박이 진열돼 있었다. 크고 맛있어 보이는 2볼짜리 수박을 한입 베어 무니 고향의 여름이 떠올랐다. 북적이는 군중 사이를 조심스럽게

헤쳐가고 있을 때였다.

"치노(Chino)! 소스!"

'치노'는 스페인어로 중국인을 뜻한다. 누군가 내 뒤에서 날카롭게 소리쳤
다. 순간 머리털이 섰다. 일찍이 부에노스아이레스에서 소스 테러를 당한 적
있지 않던가. 남미의 사기 수법 중 하나는 확실히 마스터하고 있었다. 그런데
이번 경우는 좀 더 공격적이고 과감하게 내 숨통을 조여 왔다.

카랑카랑한 목소리가 시장 한복판에 울리자, 정체불명의 손 3~4개가 행인
이 꽉 들어찬 어디쯤에서 불쑥 튀어나와 내 옷자락을 잡아당겼다. 몸이 뒤로
재껴졌다. 몇 초 뒤면 소스 테러 일당이 내 주변을 둘러쌀 게 뻔했다. 있는 힘
을 다해 손가방을 꼭 끌어안으며 몸을 앞으로 숙였다. 마(魔)의 손아귀에서 빠
져나오기 위한 필사의 몸부림이었다. 힘이 달려 중심을 잃으면 주머니와 가방
이곳저곳에 칼 구멍이 날지 몰랐다.

등 뒤에서 끌어당기는 검은 손과, 생을 위한 본능이 시장 바닥에서 찰나의
불꽃을 튀겼다. "이런! 게맛살들아!"

이성을 잃은 입에서 날카로운 한국 욕설이 튀어나왔다. 내 악착같은 발악에
등 뒤의 만유인력이 연기처럼 사라지며 몸이 앞으로 혹 쏠렸다.

진절머리 나는 내 몸부림에 그들도 더는 내 옷을 잡고 있지 못했다. 반사적
으로 고개를 돌렸다. 인파 속으로 숨어드는 2명의 남성과 1명의 여성이 보였
다. 그중 한 명은 수박을 먹고 있을 때 내 앞에서 얼쩡거리던 녀석이었다. 못
다 한 욕설과 함께 삿대질을 날려 주었다. 그는 장님처럼 내 시선을 외면했다.

벌렁거리는 가슴을 부여잡고 한적한 곳으로 몸을 옮겼다. 옷을 벗어 소스
가 묻었는지 확인했다. 강냉이 같은 부스러기가 잔뜩 달라붙어 있었다. 털기

만 하면 되는 곡식 가루를 뿌렸으니 그나마 다행이었다. 작은 손가방과 주머니 안에 들어 있는 물건을 확인했다. 지퍼는 모두 닫혀 있었고 칼자국도 없었다. 벌렁대는 심장을 안고 시장을 더 서성이는 건 무리였다. 서둘러 레슬링 경기장으로 향했다.

오후 4시가 넘자 매표소 문이 열렸다. 좌석은 특석(50볼)과 일반석(20볼)으로 나뉘었는데 외국인에겐 일반석 티켓을 팔지 않는다고 했다. 특석 티켓엔 음료수와 팝콘 그리고 기념엽서가 포함돼 있었다.

레슬링 경기장은 조잡하기 이를 데 없었고, 레슬러들도 허술하기 짝이 없었다. 일대일 대결에 이어 남녀 성대결까지 프로급 경기라기보다는 코미디 내지는 한바탕 축제에 가까운 분위기였다.

"푸하하하~" 경기는 배꼽을 잡고 웃기엔 그만이었다. 남미 레슬러는 경기가 진행될수록 수준 높은 기술보단 밀도 높은 즐거움을 선사했다. 어느새 그들의 경기에 몰입해 박장대소하며 동심으로 돌아간 날 발견했다. 13살의 깨달음이 다시 한 번 떠올랐다.

3명의 여자들이 숙소 근처 스타벅스에서 커피를 마시며 한담을 늘어놓고 있었다. 그러다 A양이 자기 의자 위에 가방을 올려놓고 화장실에 다녀오겠다며 자리를 비웠다. 지극히 상식적이고 이상할 것 없는 행동이었다.

그런데 남미에선 이게 엄청난 문제를 불러올 수도 있다. A양이 화장실에 간 사이 B양과 C양은 마주보고 이야기를 계속하고 있었다. 화장실에서 돌아온 A양이 물었다.

"내 가방은?"

아무도 가방이 증발하는 모습을 보지 못했다. 급히 커피숍을 빠져나가는 현지인 커플이 있어 쫓아가 봤지만 도리어 자기들을 도둑으로 몬다며 더 성화였다고 한다. 따지는 것도 어느 정도 스페인어를 할 줄 알아야 가능하다. 말을 못하면 그냥 그걸로 끝이다. 가방을 뒤져보고 싶었지만, 심증만으론 어렵다.

숙소로 돌아온 A양은 끝내 무릎에 얼굴을 묻었다.

"앙~ 앙~ 내 카메라."

기적 같은 만남과
여행 매너리즘

　다음 행선지를 놓고 고민이 깊었다. 라파즈에서 곧바로 마추픽추 근처 쿠스코(Cusco)로 가는 방안과 우유니 투어를 같이한 동행자를 따라 코파카바나(Copacabana)로 가는 안 중에서 갈등이 심했다. 트레킹을 내려놓자 딱히 뭘 보겠다는 목표가 사라졌다. 산이 좋아 떠난 여행이 진짜 산으로 가는 느낌이었다. 갈수록 일정이 늘어졌고, 여행지보다 인터넷에 파묻혀 '눈팅'하기 바쁜 날이 계속됐다. 내 의견이 아닌 남의 의지와 목소리에 귀는 점점 만두피처럼 얇아졌다.

　아콩카구아 등정 실패와 8개월이 넘는 여행의 피로가 무엇을 봐도 감흥을 느끼지 못하는 매너리즘을 선물한 게 확실했다. 어느 여행기에선 여행 매너리즘이 오면 요르단의 페트라를 보라고 했다. 그런데 난 이미 봐버렸다. 아놔!

　내 확고한 의지와 의견이 아닌 남이 보고 싶어 하는 코파카바나를 다음 행선지로 정한 건 어쩌면 지금 상태로는 당연한 결과였다.

　해발 3,800미터에 위치한 티티카카호(Lake Titicaca)를 보기 위해선 코파카

바나로 가야 했다. 이 호수는 제주도 면적의 4.5배나 되는 엄청난 크기를 자랑
한다. 또 잉카 유적지로 유명한 태양의 섬(Isla del Sol)이 호수 한가운데 있었
다. 코파카바나는 페루 푸노(Puno)나 쿠스코에서 라파즈로 가기 위해 반드시
거쳐야 하는 관문이기도 했다.

라파즈에서 버스에 올라 4시간을 달렸다. 버스는 승객을 물가에 내려줬다.
여기서 작은 배를 타고 물을 건너 다시 버스를 타고 코파카바나에 도착했다.
한가로운 어촌 모습은 라파즈와는 확연히 다른 분위기를 연출했다. 하지만 매
너리즘의 눈으로 바라본 코파카바나는 서해 어느 작은 항구와 별반 다를 게
없었다. 해발 3,000미터가 넘는 곳에 위치한 엄청난 크기의 호수란 사실도 내
게 그리 중요하지 않았다.

호숫가 주변으로 숙소가 줄지어 있었다. 숙소를 고르는 데 힘을 빼고 싶지
않아 최대한 가까운 숙소를 찾았다. 체크인을 하려고 보니 낯익은 얼굴이 보
였다. 바로 기억이 떠오르진 않았지만 분명 안면이 있는 사람이었다.

"저기… 어… 그… 어~엇! 이런 맙소사!"

중국 호도협 트레킹을 같이한 일본인 여행자 와타루였다. 지구 전체를 무
대로 하는 세계 일주자 2명이 이렇게 운명처럼 만날 수 있다는 게 도저히 믿
어지지가 않았다. 소설에나 나올 법한 주인공이 된 우리는 서로를 무척 반가
워했다.

와타루도 나와 같은 여행 8개월째였다. 우린 2인실을 같이 쓰기로 했다.

"와타루! 넌 매너리즘 없어?"

"마나리즘?" 와타루는 구수한 일본 발음으로 되물었다.

"응, 매! 너! 리! 즘!"

"그게 뭐지?" 와타루는 매너리즘이란 단어를 몰랐다. 아니 내 저질 발음이 더 문제였는지 모른다.

"아무것도 특별해 보이지 않는 거." 짧은 설명에 와타루는 단박에 질문을 이해했다.

"아아아~ 알아! 나도 약간 그래."

"집에 가고 싶지 않니?"

"가고 싶어, 스시도 먹고 싶고."

"스시? 난 참치 회!"

와타루는 내 말을 100퍼센트 이해했다. 우린 같은 처지였고, 역시 비슷한 증상을 앓고 있었다. 하지만 와타루는 아직 볼 게 남았다며 지금은 때가 아니라고 했다. 나보다 10살 어린 그의 에너지가 부러웠다. 우린 서로의 루트를 되짚으며 그동안의 경험을 나눴다. 오랜만에 만난 동지는 그 자체로 위안이고 위로였다.

우유니부터 동행한 여행자들과 저녁을 같이했다. 이런저런 이야기를 나누다 지금 내 감정을 토해내고 말았다. 하지 말았어야 할 이야기였다. 무표정한 얼굴로, '여행이 새로울 게 없다'는 미욱한 말을 남미에 온 지 얼마 되지 않은 사람들에게 던지고 말았다. 즐거워야 할 저녁 자리가 싸늘해졌다.

"왜 이렇게 애가 막혀 있고, 뭐든 단정적이니!" 가장 나이 많은 여행자가 내게 말했다.

"…."

난 아무런 대꾸도 할 수 없었다. 이상하게 입이 떨어지지 않았다. 어디 내놓아도 기죽지 않고 언어적 유희를 즐길 줄 아는 내가 벽창호처럼 꽉 막혀 있고,

칼로 무 베듯이 단정적이란 카운터펀치 한 방에 나가떨어졌다.

내 상태를 애써 설명하고 싶지도, 조목조목 반박하고 싶지도 않았다. 조용히 식사를 마치고 먼저 자리에서 일어섰다. 그들의 즐거운 저녁 식사를 위해 빠져 주는 게 최선이었다.

다음 날 아침 눈을 뜨자 몸보단 마음이 무거웠다. 침대 위에서 게으름을 피웠다. 커튼을 열고 숙소에서 바라본 코파카바나는 분명 아름다웠다. 그런데 이곳이 내 스타일이 아닌 건지, 내가 너무 많은 걸 봐버린 게 문제인지 진단조차 할 수 없는 감정이 무겁게 가슴을 짓눌렀다. 이곳에 더 머문다고 미망한 상황이 해결되진 않았다. 움직임 없는 생각은 사관(死觀)일 때가 많았다. 어디로든 가야 했고, 새로운 걸 찾아야 했다. 그렇게 계속 움직여야 여행이었다. 사람을 보고, 사기꾼을 만나고, 풍경을 느끼고, 흙을 밟으며 다시 심장의 뜀 소리가 들리는 그곳으로 가야 했다.

매너리즘에 빠진 여행자는 짧은 코파카바나 일정을 그렇게 마무리했다.

티티카카 태양의 섬 관광

코파카바나에 온 여행자 대부분이 태양의 섬으로 들어가는 배를 탄다. 태양의 섬은 티티카카 호수에 있는 작은 섬으로 원주민들은 태양의 신 '인티'(Inti)가 이곳에서 태양을 만들었다고 믿는다. 태양의 섬에 들어가면 주민들의 생활상을 곁에서 지켜볼 수 있는데 극도로 상업화된 일상을 보고 깜짝 놀라는 일도 적잖다고 했다. 또 태양의 섬에선 잉카족들이 16세기에 만든 길을 걸을 수 있는데, 중간 중간 주민들이 길목을 지키며 여행자를 기다린다.

여행자를 축복하거나 잉카인의 생활상을 보여주기 위한 서비스가 아니다. 그들이 서 있는 목적은 여행자에게 통행료를 걷기 위해서다. "헉!"

쿠스코의
오래된 골목길

12월 25일. 코파카바나가 빗물에 촉촉이 젖어 들었다. 오후 6시 30분 페루 쿠스코행 버스는 배낭여행자로 만원이었다.

"이런, 눈도 아닌 비 오는 크리스마스 날 이동이라니…."

매너리즘을 떨쳐내기 위해 남미의 종착점 페루를 느닷없이 방문하게 된 느낌이었다. 작은 빗방울이 창문을 적시며 시야를 뿌옇게 흐려 놓았다. 버스가 빗속을 뚫고 스산하게 국경을 넘어 푸노를 향해 달렸다.

피곤이 몰려왔지만 긴장의 끈을 놓을 순 없었다. 밤샘 이동은 언제나 직관적 촉을 과잉 상태로 몰아넣었다. 버스 안에서 긴장의 끈을 늦추는 순간 '오늘의 사건·사고'에 내 이름을 올릴 확률이 높았다. 뿌에르또 몬트에서 만난 누나 중 한 명은 야간 버스에서 잠에 취해 일어나 보니, 다리 사이에 걸려 있어야 할 가방이 통째로 사라지는 경험을 해야 했다. 사라진 가방 속에는 여권·카메라·지갑 등이 들어 있었다. 이런 일을 당하게 되면 여행 계획이 송두리째 바뀐다. 정신 줄을 붙들고 여행을 곱씹으며 글을 끼적였다.

"몸은 절대 거짓말을 하지 않지. 빡빡한 일정은 여행자를 피곤에 쩌들게 해. 이건 사건·사고의 전주곡이야. 배낭을 메고 장기간 여행한다는 건 분명 육체적 투쟁이야. 이는 욕심과의 싸움이기도 해. 그런데 여행은 그 치열한 고민과 역경 뒤에 분명 진짜 세상을 아낌없이 보여 주잖아. 나와 세상 사이의 끈끈한 진짜 소통 말이야. 하지만 정말 고단한 길이야. 이런 길인 줄 알았다면 과연 내가 세계 일주에 도전할 수 있었을까.

여행… 물론 대형 여행사의 값비싼 관광은 제외지만. 투어 상품을 이용하는 사람들에게 미안한 이야기지만 아니 미안할 것도 없지, 난 그런 유희를 여행의 범주에 넣지 않아. 관광을 여행이라고 말하는 게 웃겨. 이미지를 기계적으로 채집하는 사람을 '사진작가'라고 부르지 않듯이 말이야. 어느 시인은 '여행은 온몸으로 하지만 관광은 두 눈으로 하는 것'이라고 했어. 여행과 관광을 구분하는 데 이만한 기준이 또 있을까. 걷다 힘들면 걸음을 늦추고, 너무 늦다 싶으면 종종걸음으로 나아가면 돼. 좋으면 머물면 되고, 싫으면 떠나면 돼… 모든 결정은 내가 내리는 거야.

그런데 내가 여행을 제대로 잘하고 있는지 모르겠네. 뭘 봐도 별 감흥이 없어… 어쩌지. 내가 지금 바른길로 가고 있는 게 맞나? 지금은 어제보다 나은 내일이 아닌 것 같은데, 이럴 땐 어떻게 해야 하는 거지…. 여행에도 멘토가 있었으면 좋겠어. 질문을 던지면 답이 척척 나오는. 그런데 알잖아 그런 멘토는 세상에 없다는 거. 오늘따라 밤 버스가 왜 이리 지겹지…."

푸노에서 버스를 갈아타고 다시 몇 시간을 달려 새벽 4시 30분쯤 마추픽추의 관문 쿠스코에 도착했다.

고대 잉카 제국 수도였던 쿠스코는 원주민어(케추아어)로 '세계의 배꼽'이란 뜻을 갖고 있다. 도시 모습은 이곳 사람이 성스러운 동물로 숭배하는 퓨마의 형상을 하고 있다고 한다.

쿠스코 버스터미널은 이른 새벽부터 여행자, 택시기사, 호객꾼이 한데 섞여 뿌연 먼지를 폴폴 풍겼다.

버스 터미널에서 택시를 잡아타고 게스트하우스로 향했다. 택시는 한국에서 퇴출된 지 오래된 티코. 티코는 한껏 키를 낮추고 땅바닥에 붙어 삐거덕대며 시내로 향했다. '잘 굴러갈까'란 우려에 티코는 한달음에 게스트하우스 앞에 도착하는 걸로 대답을 대신했다.

또 한 번 외롭고, 불안하고, 지루한 이동을 마쳤다. 아침을 먹자 피곤이 몰려왔다. 푹신한 매트리스 위에서 다리를 쭉 뻗었다. 작은 큐브 안에 숨어든 것 같은 이 안정감… 긴장이 풀렸다. 혼자인 공간은 여행이 주는 피로를 풀기에 더할 나위 없다. 안락한 잠은 여행의 여러 쾌락 가운데 가장 떨쳐내기 힘든 유혹이다. 잠깐의 단잠에도 퉁퉁 부은 발은 새로운 힘을 얻고, 피곤은 흔적 없이 사라진다.

그런데 잠이 오질 않았다. 스르륵 눈이 감길 것 같았는데 이상하게 정신은 더욱 또렷해졌다. 또랑또랑한 눈으로 천장을 물끄러미 바라봤다. 골수까지 내려가 박힌 긴장이 아직도 몸 어딘가에서 나를 잠 못 들게 하는 것 같았다. 야간 버스 이동 뒤엔 무조건 하루는 숙소에서 빈둥거리기로 한 원칙을 깨기로 했다.

쿠스코의 심장 아르마스 광장(Plaza de Armas)에는 환전소, 식당, 기념품 가게가 즐비했다. 시야가 탁 트인 광장 중앙엔 쿠스코 대성당이 자리 잡고 있다. 이 성당은 잉카시대 바라코치신전 자리에 세워진 것으로 1550년 건축을 시작, 100년 후 완공됐다.

아르마스 광장은 이탈리아의 작은 소도시를 연상시켰다. 고풍스러운 성당과 여행자가 하나의 풍경으로 합해지며 여느 유럽 도시 못지않은 분위기를 자아냈다.

광장을 거닐다 사람들의 흐름을 따라 여기저기를 기웃거렸다. 그러다 한 골목길로 빨려 들어갔다. 바닥과 좌우 벽이 잘 다듬어진 돌로 이뤄진 작은 골목이었다. 순간 나는 몽유병 환자처럼 세상과 동떨어진 채 시간이 흐르지 않는 마법의 길에 들어와 있는 기분을 느꼈다. 해리 포터의 한 장면이 떠오르기도 했다. 페루 원주민의 피부색은 주변을 더욱 복고적으로 만들었다. 순식간에 예상치 못한 시간 여행자가 돼 있었다. 가지런히 줄 서 있는 올망졸망한 돌들은 지나간 기억을 품은 채 행인들을 바라봤다.

따박, 따박 두발로 길을 오롯이 새기며 빛이 들어찬 골목 끝까지 걸음을 옮겼다. 길은 또 다른 길과 만나며 여행자에게 선택권을 준다. 어디로 가든 길은 또 만나고 헤어지며 새로운 볼거리를 선사해 줄 거다. 다음 일정이 있는 것도, 버스가 기다리고 있는 것도 아니었다. 방향의 판단 따위는 내 것이 아니다. 골목을 휘감아 도는 공기의 흐름을 쫓아 이 길의 주인인 척 당당히 발걸음을 옮기면 된다. 이것이야말로 고도(古都)를 즐기는 최고의 방법이다.

쿠스코의 오래된 골목은 아직 할 말이 많았다. 자랑이라도 하고 싶었던 걸까. 길은 잉카문명의 신기에 가까운 건축물 앞으로 나를 데려다 놓았다. 소

문대로 그들의 마술 같은 기술은 단번에 시선을 잡아 세웠다. 카드 한 장 비집고 들어갈 틈 없이 잘 짜 맞춘 돌덩어리들이 마치 한 몸처럼 오달지게 붙어 있었다. 모진 비바람을 앞세운 세월도 이들의 놀라운 건축술을 당해내지 못했다. 특히 '12각 돌'을 보고는 잉카인의 수준 높은 기술력 앞에 찬사를 아낄 수 없었다.

쿠스코에서 배가 고프다면

쿠스코에서 가장 좋았던 거 하나를 꼽으라면 당연히 산 페드로(San Pedro) 시장이다. 이곳은 서울 광장시장을 연상시키는 대형 로컬 마켓으로 배낭여행자에게 오아시스 같은 장소다. 우리 돈 2000~3000원이면 한 끼 식사를 해결할 수 있는데 시장에 들어서면 페루의 다양한 현지식이 즐비해 뭘 먹어야 할지 고민하게 된다. 시장 좌판에 앉아 밥을 먹으면 금세 현지인들과 친해질 수 있다. 특히 시장에서 값싸게 즐길 수 있는 상큼한 즉석 생과일주스는 여행의 피로를 한방에 날려준다.

또 쿠스코에서 맛봐야 할 음식 중 하나는 꾸이(Cuy)로 불리는 기니피그 바비큐. 기니피그는 애완용으로도 키우지만 페루에선 식용으로 더 인기가 높다. 산 페드로 시장 등 쿠스코 곳곳에는 꾸이를 파는 레스토랑이 많다. 난 기니피그의 작은 살점 하나만 소심하게 맛보고, 식사를 같이한 다른 여행자에게 모두 양보했다. 그들은 내 앞에서 꾸이를 뼈째 뜨는 먹성을 보여주었다.

주의할 점은 꾸이를 주문하면 잠시 뒤 웨이터가 껍질을 벗긴 벌건 기니피그를 접시에 담아 손님에게 확인시키는데, 이게 그리 유쾌한 체험은 못 된다. 비위가 약한 분들은 조용히 눈을 감는 게 상책이다.

마추픽추에 오르면
진짜 눈물이 날까?

그해 마지막 날은 고즈넉한 쿠스코를 열기로 몰아넣었다. 송구영신을 페루에서 맞이하게 될 줄은 몰랐다. 숙소 근처 골목은 새해를 맞으러 나온 사람들로 붐볐다. 아르마스 광장은 꼭 서울 종각 주변을 연상시켰다. 자리를 잡고 새해를 기다렸다. 밝은 보름달이 떠 있었다. 새해에는 좋은 일이 생길 것 같다는 근거 없는 상상마저 들었다.

분위기는 한층 뜨거워졌고, 개중엔 흥겨운 춤으로 시선을 잡아끄는 이도 있었다. 달달한 맛이 일품인 쿠스케냐(페루 맥주)로 목을 축였다.

불꽃놀이가 시작됐다. 세련된 불꽃놀이는 아니었지만, 분위기를 돋우는 데는 전혀 부족함이 없었다. 화약이 자기 몸을 태우며 밤하늘을 아름답게 수놓았다. 자정을 알리는 카운트다운이 시작됐다. "5, 4, 3, 2… 와~아!" 군중의 환호가 이어졌다. 커플들은 뜨거운 키스로 새해를 시작했다. 그들의 뜨거운 숨을 눈으로 즐겼다. 1월 1일, 새해의 시작이었다.

새해 자정을 즐겁게 보내는 것도 중요했지만, 잠시 뒤 있을 산행을 준비해

야 했다. 아쉽게 뜨거운 밤을 뒤로하고 다시 숙소로 발걸음을 옮겼다.

마추픽추를 한눈에 내려다볼 수 있는 와이나픽추(Wayna Picchu)는 하루 400명으로 입장이 제한되며 예약은 필수다. 어렵사리 1월 1일 와이나픽추 입장권을 손에 넣었다. 그러나 표가 있다고 모든 게 해결된 건 아니다.

하루짜리 마추픽추 투어에 들어간 비용은 대행사 수수료가 포함된 기차표 (왕복) 121달러, 입장료 65달러, 아구아스깔리엔떼스(Aguas Calientes)에서 마추픽추 정문까지 운행하는 셔틀버스비 약 20달러까지 총 200달러가 넘었다. 그 비싼 요르단 페트라 입장료도 이 정도는 아니었다. 세계 일주 중 당일 투어로 가장 출혈이 심한 날이었다.

새해맞이의 들뜬 마음을 가라앉히고 잠시 눈을 붙였다. 2시간 정도 잤을까, 새벽 3시 30분쯤 잠자리에서 일어나 짐을 챙겨 숙소를 나섰다. 아르마스 광장은 새벽 늦게까지 축제를 즐기는 사람들로 불야성이었다.

그들을 뒤로하고 오얀따이땀보(Ollantaytambo)행 콜렉티보(미니버스) 정류장으로 향했다. 정류장에 도착해 보니 막 미니버스 한 대가 출발하고 있었다. 아뿔싸! 이게 불행의 씨앗이 될 줄은….

마추픽추행 기차를 타려면 쿠스코에서 1시간 30분 거리에 있는 오얀따이땀보로 가야 했다. 그런데 하필 비 때문에 길이 유실돼 30분 정도 더 걸린다고 했다. 20솔짜리 미니버스를 탄 시각은 새벽 4시 10분. 정확히 기차 출발 2시간 전이었다. 마음은 급했고, 운전대는 내 것이 아니었다.

덜컹임에 눈을 떴다. 잠에 곯아떨어져 순식간에 2시간이 흘렀다. 오얀따이땀보였다. 버스에서 내린 시간은 정확히 오전 6시 13분. 정신없이 기차역을 향해 뛰었다.

있어야 할 기차가 보이지 않았다. 지금까지 수많은 이동 중 몇 번이나 정시 출발했다고… 왜 하필 지금이란 말인가! 제때 마추픽추에 올라가지 못한 것보다 새해 첫날부터 지각을 한 게 내심 더 마음이 쓰였다.

역무원은 토끼 눈을 한 내게 매표소에 문의해 보란 말뿐이었다. 미니버스 주차장 옆 매표소로 힘없이 발걸음을 옮겼다. 휴지조각으로 전락할 수 있는 표를 내밀었다. 매표원은 기차를 놓쳤으면 다시 표를 사야 한다고 했다. 기차 삯이 무려 50달러였다.

"What?"

매표원은 내 날선 한마디에 눈을 동그랗게 떴다.

"이 표 가격이 50달러나 하잖아요! 그런데 이걸 다시 사라고?"

가늘고 흥분한 목소리 톤에선 분노와 절망감이 묻어났다. 문제의 심각성을 인지했는지 매표원은 본부에 연락해 보겠다고 했다. 실낱같은 희망이 보였다. 도저히 알아들을 수 없는 빠른 스페인어로 통화를 마친 매표원은 왜 늦었는지 물었다. 대화가 될 분위기였다.

있는 그대로 "비로 길이 유실돼 돌아오느라 시간이 더 걸렸다."고 설명했다. 매표원은 본부 사무실에서 다음 기차 좌석을 배정받으라고 했다. 사(死)에서 생(生)으로의 귀환이었다. "휴~" 지각으로 놀란 마음을 인스턴트커피 한 잔으로 달랬다.

마추픽추까지는, 오얀따이땀보에서 기차를 타고 1시간 30분을 달려 아구아 스깔리엔떼스에 내려, 다시 셔틀버스를 타고 20분 정도 산을 올라야 한다. 막걸리 한 잔과 일출은 없었지만 그렇게 '젊은 봉우리'란 뜻을 갖고 있는 와이나 픽추에 올라 마추픽추 전경을 감상하며 새해를 설계했다.

산을 내려와 마추픽추를 둘러보고 오후 3시쯤 다시 아구아스깔리엔떼스에서 오얀따이땀보행 기차에 몸을 실었다. 때마침 비가 내렸다. 절묘한 타이밍이었다. 시작은 좋지 못했지만, 끝은 마음에 들었다.

여기서 '어 이게 뭐지!?'란 독자들이 있을 거라 생각한다. 마추픽추의 감동을 달달한 글로 느끼고 싶었던 분들에게는 죄송한 마음 금할 길이 없다. 얄팍한 양심에 감흥 없는 곳을 감흥 있게 쓰는 걸 허락지 않으니 너그럽게 이해해 주시길.

이 책을 쓰면서 이런 일이 있었다. 한 방송 프로그램을 보던 친구가 문자 메시지를 보내왔다. '진짜, 마추픽추에 오르면 눈물이 나와?' 어느 방송에서 출연자가 마추픽추에서 감격에 겨운 눈물을 흘린 모양이었다.

글쎄… 내 경험은 솔직히 그냥 여기 왔구나, 하는 정도. 잃어버린 공중도시 마추픽추에서 새해를 맞는 기분은 태백산·북한산에 올라 한 해를 설계하는 기분과 크게 다르지 않았다. 엄청나게 많이 본 사진, 그 느낌 이상도 이하도 아니었음을 고백한다.

아레키파 꼴까 캐니언 트레킹

●

신년 산행 다음 날 쿠스코에서 밤 버스에 몸을 실었다. 다음 목적지는 페루 제2의 도시 아레키파(Arequipa). 쿠스코~아레키파는 버스로 12시간이 걸렸다.

이곳은 한국 여행자가 그냥 지나치는 경우가 많은 곳으로 꼴까 캐니언(Colca Canyon)에 가기 위해선 꼭 머물러야 하는 도시다. 보통 여행자들은 아레키파에서 새벽에 출발하는 꼴까 캐니언 투어를 많이 이용한다. 이 투어에선 콘도르를 직접 볼 수 있다. 만약 꼴까 캐니언을 좀 더 즐기고 싶다면 트레킹 투어를 이용하면 된다. 트레킹 코스는 1박 2일, 2박 3일 등 다양하다. 물론 자유여행도 가능하다.

아레키파는 듣던 대로 오래된 건물이 잘 정비돼 있는 도시였다. 쿠스코와 쌍벽으로 평하고 싶을 정도. 이 도시에서 가장 좋았던 건, 세상에서 가장 붉은 노을이라 할 만한 멋들어진 해넘이를 본 경험이었다. 사막 지역에 있는 도시는 건조한 기후 때문에 일출과 일몰을 더욱 진한 색으로 만든다.

와카치나 버기 투어,
난 울고 싶었어!

아레키파에서 이까(Ica)로 향했다. 10시간 거리에 있는 이까에 도착해 다시 택시를 타고 와카치나(Huacachina)로 향했다. 이까~와카치나 택시비는 5~6솔 정도.

와카치나는 버기 투어(Buggy Tour)로 잘 알려진 곳이다. 버기 투어는 특수 차량(Sand Jeep)을 타고 사막에서 롤러코스터를 능가하는 스릴을 느낀 뒤 샌드 보딩(Sand Board)까지 하는 걸 말한다. 와카치나는 페루의 다른 여행지보다 이름이 덜 알려져 있지만 독특한 풍광과 이곳에서만 맛볼 수 있는 액티비티로 전 세계 여행자들의 발길이 끊이질 않는 곳이다.

와카치나 까사 데 아레나(Casa de Arena)에 여장을 풀었다. 숙박비는 성수기여서 그런지 사전조사보다 비쌌지만 버기 투어는 사전 정보대로 35솔. 도착 당일 오후 4시 투어를 신청했다. 대체로 석양까지 볼 수 있는 이 시간대 사람이 몰린다.

와카치나는 오아시스 마을로 주변이 다 사막이다. 듄(Dune)에 올라가 마을을 한눈에 내려다보면 그야말로 그림이다.

투어를 이용하거나 개인적으로 사막에 나가려면 사막 입장료를 따로 내야 한다. 그런데 숙소 뒤편 듄은 입장료 없이 그냥 오를 수 있다.

힘이 넘쳐나는 샌드 지프가 일행 4명을 태우고 사막 입구에 도착했다. 간단한 입장 절차를 마치자, 반질반질한 모래 길을 오르기 시작했다. 사막은 태양이 아니라면 방향을 잡기도 힘들어 보였다. 굽이굽이 모래 언덕이 끝없이 펼쳐지는 풍경에 다들 할 말을 잃은 듯했다. 연신 카메라 셔터를 누르기 바빴다. 남미의 사막은 이곳이 아프리카라고 해도 속아 넘어갈 만큼 광활했다.

순결한 사막의 빛깔과 넉넉한 여백에는 밀가루처럼 고운 모래가 깔려 있었다. 사방이 모래로 뒤덮인 공간, 지극히 단순한 배경은 마음을 가라앉혔다. 오르락내리락하는 곡선의 움직임은 부드럽고 처연하다.

해가 서서히 서쪽 하늘로 기울었다. 길게 내리깔린 사막의 그림자는 음과 양의 대비를 더욱 선명하게 만들었다. 듄의 하루가 바람에 쫓겨 달아나며 시시각각 새로움으로 살아 움직였다. 풀 한 포기 없는 척박한 사막 위를 바람이 쓸고 지나갔다. 바람조차 따사롭고 포근했다. 자동차의 미세한 진동은 사막이 연출해 내는 드라마틱한 모습과 합쳐지며 적절한 긴장을 불어넣어 주었다.

그렇게 고요하게 사막을 즐길 때였다. "바모스!" 가이드는 고글을 쓰며 우리를 향해 씽긋 웃었다. '부아~앙~, 부아~앙~' 샌드 지프가 거칠고 날카로운 엔진음을 내뱉었다.

"꺄~아~악!" 차에 타고 있는 사람들이 비명을 지르기 시작했다. 차는 코뿔소가 전력 질주하듯 사막을 사정없이 내달렸다. 모래언덕 앞에서도 속도는 줄지 않았다. '부아아앙~' 모래를 사방으로 튀기며 오르막 구간을 반 이상 오른

차는 잠깐 멈칫하더니 낭떠러지 같은 내리막으로 방향을 틀었다.

"어… 어… 어…." 비명은커녕 작은 숨소리조차 목구멍을 뚫고 나오지 못했다. 질끈 두 눈을 감고 아무거나 손에 잡히는 대로 움켜쥐었다. 승객들의 절규가 터졌다. 차가 전복될 것 같았다. 가끔씩 샌드 지프가 뒤집혀 사고가 발생한다는 걸 알고 있었기 때문에 공포감은 최고조로 치솟았다. 길 없는 모래 언덕에서 지프가 내리꽂히는 아찔한 상상은 내게 충분한 만족과 스릴을 선사했다.

지프가 서서히 속도를 줄였다. 그때쯤 눈을 떴다. 지프는 다시 평지에서 균형을 잡고 있었다.

"부~앙, 부~앙, 부~앙~앙~" 가이드는 숨 돌릴 틈도 없이 곧장 다른 경사를 향해 돌진했다. 차의 진동은 중국 여행에서 맛본 최악의 비포장도로를 능가했다.

"아~앗! 제발~"

지프가 절벽처럼 깎아지른 경사를 거칠게 오르기 시작했다. 모래가 빗물처럼 얼굴을 때렸다. '이러다 정말 차라도 뒤집히면 여행자 보험을 타 먹어야 하나….' 걱정을 길게 할 틈도 없이 지프는 어느새 알피엠(RPM)을 한계치까지 끌어올리며 전속력을 내고 있었다.

"부아~앙, 부~앙." 미친 코뿔소로 변한 샌드 지프가 숨을 고르며 중심을 잡고 섰다. 가이드가 마른 숨을 게우는 사람들을 보며 말했다 "바모스?" 우린 손사래 치며 "노노노!"를 합창했다.

다음은 샌드 보딩 차례. 실력이 좋거나 용기가 있는 사람은 서서 모래 비탈을 질주했다. 그런 사람 중 상당수는 사막에 머리를 처박기 일쑤였다. 자신 없는 사람은 보드 위에 엎드려 스켈레톤(Skeleton) 식으로 샌드 보딩을 즐겼다.

물론 난 안정적으로 보드에 배를 깔았다. 썰매 타는 기분으로 활강을 마친 뒤 다시 낑낑거리며 모래 언덕을 올랐다.

바람이 불고, 모래가 날리기 시작했다. 잘게 쪼개진 은은한 광선 입자와 모래바람이 함께 만들어낸 환상적 피사체가 눈길을 사로잡았다. 이 장면을 사진으로 남기지 않으면 두고두고 후회할 것 같았다. 카메라를 꺼내 무작정 모래바람을 담기 시작했다. 몸을 최대한 낮추고 날이 선 모래가 바람에 날리며 부드러운 곡선으로 변해 가는 과정을 찍기 시작했다.

"찰칵! 찰칵! 찰칵!" 사막의 하루 중 최고의 순간이었다. '조금만 더 가까이….' 해는 빠른 속도로 골든타임을 지나가고 있었다. 그럴수록 셔터음의 간격이 좁혀졌다.

그때였다. "어엇! 이게 왜 이러지…." 갑자기 카메라가 작동을 멈췄다. 욕심 앞에서 카메라가 모래를 먹고 있다는 사실을 잊은 결과였다. 작동을 멈춘 카메라를 들고 망연히 사막을 보고 있었다.

"형, 카메라 고장 났어요?" 같이 투어에 나선 20대 한국 여행자가 물어왔다.

"응, 너는?" 시선을 사막에 고정한 채 입으로만 대답을 건넸다.

"저는 모래바람이 무서워 숙소에 (카메라) 두고 왔죠." 여봐란 듯한 대답이 돌아왔다.

'아, 그래서 자꾸 사진을 찍어 달라 했구나!' 하고 생각하면서도 사막의 시시각각 변화에 시선을 뗄 수 없었다. 카메라로 담을 수 없는 여행의 찰나는 이토록 매혹적이다.

그 순간에도 모래바람은 금빛 햇살에 나부끼며 허공을 수놓았다.

외계인(?)의 흔적을 볼 수 있는 나스카(Nazca). 아직도 미스터리가 풀리지 않은 나스카 라인을 보려면 페루 수도 리마에서 남쪽으로 약 240킬로미터 떨어진 삐스꼬(Pisco) 공항으로 가야 한다. 삐스꼬는 와카치나에서도 그리 멀지 않다.

삐스꼬에 도착해 경비행기를 타고 40분 정도 날아가면 나스카 라인이 그 실체를 드러낸다. 우주인·새·개·원숭이·거미 등을 연상시키는 기하학적 문양이 대지에 수놓아져 있다. 작은 것은 10미터, 큰 것은 300미터까지 달하는데 하늘에서 봐야만 전체 그림을 한눈에 볼 수 있다. 나스카 라인은 약 1400년 전에 그려진 것으로 추정된다. 이 때문에 이런 정교한 그림을 어떻게 그릴 수 있었는지 의문이 풀리지 않는다.

특히 거미 그림은 아마존 열대우림에만 사는 '리치눌레이'를 그린 것이라고 하는데 그림 오른쪽 다리 끝에는 생식기까지 묘사돼 있다. 미스터리한 건 이 모습은 현미경으로 봐야 확인이 가능하다는 사실. 아무리 생각해도 사람이 그렸다고는 도저히 믿기지 않는 부분이다.

일상도, 여행도
변화가 필요하다

페루의 수도 리마까지 오고 말았다. 파타고니아와 아콩카구아로 대변되는 남미 여행은 뜻하지 않았으나 예감하고 있던 분기점을 맞았다.

리마의 한 게스트하우스에서 이불 속 빈대처럼 침대를 기어 다니는 시간이 시작됐다. 여행 중 시간만 나면 끼적이던 블로그 포스팅도 더는 진도가 안 나갔다. 리마에서 얼마 멀지 않은 와라즈(Huaraz)에서 산타쿠르즈(Santa Cruz) 트레킹을 할 수 있었지만 더는 산이 당기지 않았다. 이곳에서 하고 싶은 게 있다면 리마해변에서 일몰을 보는 게 전부였다. 어쩌면 일몰과 함께 나의 여행도 끝내고 싶었던 건지 모른다.

전부를 걸었던 아콩카구아의 도전이 실패로 돌아가자 모든 걸 포기하고 떠난 여행 자체가 길을 잃은 느낌이었다. 만약 산을 내려와 패배를 있는 그대로 인정했다면 자괴감에 빠져 허우적거리는 일은 없었을 거다.

찌질하게 난 내 모습 그대로를 받아들이지 못했다. 스스로에게 화가 났고, 세계 일주 전체를 무의미하게 느끼기 시작했다.

이런 상태로 여행을 계속한다는 건 시간 낭비였다. 무기력증 때문에 '언저리 여행'을 계속할 순 없었다. 결정을 내려야 했다.

그렇다고 허세만 남은 지금의 감정을 집까지 안고 돌아가기도 싫었다. 패배자의 기분으로 인천행 비행기에 오르는 순간 서울의 삶도 시르죽은 상태일 게 뻔했다. 여행으로 생긴 생채기는 여행으로 아물게 하는 게 해답이었다.

옹색한 소견머리로 고민을 거듭한 끝에 남미 탈출을 결정했다. 원래 계획은 에콰도르와 콜롬비아를 거쳐 베네수엘라로 가 로라이마 트레킹을 하는 거였지만, 남미를 떠야 한다는 결론에 도달했다. 할 수 있는 건 변화를 주는 일밖에 없었다.

일단 아메리카 대륙 북쪽을 여행하는 걸로 생각을 굳혔다. 여행 전 모아 둔 정보는 부스러기까지 그러모아 쓴 지 오래였다. 공부가 필요했다. 아무 정보 없이 미국에 떨어져 흑형들 틈에서 오들오들 떨고 싶진 않았다.

머리를 싸매고 경우의 수를 계산해 옹골지게 미국과 캐나다 루트를 확정 짓고, LA, 라스베이거스, 샌프란시스코 숙소와 도시 간 이동편 예약을 단숨에 끝마쳤다.

리마에서 버스를 타고 북쪽으로 7~8시간 가면 와라즈(Huaraz, 3,090미터)가 나온다.

와라즈는 남미에서 등정이 가장 힘들다는 페루 최고봉 우아스카란(Huascaran, 6,768미터)을 비롯해 우안트산(Huantsan, 6,395미터), 초피칼키(Chopicalqui, 6,354미터) 등이 병풍처럼 둘러싼 멋진 곳이다. 특히 와라즈가 속해 있는 블랑카 산군(Cordillera de Blancas)에는 6,000미터급 봉우리가 27개, 5,000미터급 봉우리가 500개나 된다고.

여행자들은 보통 코르디예라 블랑카(Cordillera Blanca) 계곡을 따라 걷는 산타크루즈(Santa Cruz) 트레킹을 즐긴다. 이 트레킹은 해발 2,900미터에서 시작해 4,800미터까지 이어진다. 일정은 3박 4일이 일반적이다. 당나귀 등이 짐을 날라주기 때문에 고소적응만 제대로 하면 어렵지 않게 안데스의 절경을 감상할 수 있다. 비용은 100~120달러 선. 또 와라즈는 그림 같은 설산이 호수에 담겨 있는 69호수(4,600미터) 트레킹으로도 유명하다.

트레킹 중 고산증이 올 때는 코카(Coca) 잎을 씹으면 좋다.

"승객을 찾습니다!"

"엇!"

깜짝 놀라 눈을 떠 휴대폰을 보니 새벽 5시 10분. 4시 40분에 맞춰 놓은 알람이 어찌된 일인지 울리지 않았다. 오전 8시, 리마에서 멕시코시티를 경유해 LA로 가는 에어멕시코 비행기를 타야 하는 날이었다. 시간이 넉넉지 않았다. 미국 여행 정보를 찾다 새벽 3시쯤 잠이 든 게 화근이었다. 고양이 세수를 하고 후다닥 배낭 패킹을 끝마치고 숙소를 나서려고 보니, 엎친 데 덮친 격으로 문이 잠겨 있었다. 숙소 직원을 깨웠다.

택시기사는 공항까지 50솔을 불렀다. 숙소 직원은 40솔이면 간다고 했다. 이런 일이야 지겹도록 겪었고, 길게 네고할 시간도 없었다. 대충 45솔을 주기로 하고 배낭을 실었다.

리마 공항에 도착해 보니 출발 1시간 30분 전. 여권과 비행기 티켓을 챙겨 에어멕시코 데스크 앞으로 갔다.

케냐 나이로비에서 아르헨티나 부에노스아이레스로 넘어올 때 '귀국 항공권이 없다'는 이유로 겪은 고초 때문에 미리 미국~캐나다~싱가포르~한국으로 이어지는 비행기 티켓을 모두 예매해 놓았고 티켓 프린트까지 해둔 상태였다.

특히 싱가포르~인천 노선은 대한항공 마일리지를 사용해 e티켓을 프린트한 뒤 일정 변경에 대비해 일단 표를 취소해 놓았다(※ 마일리지 티켓팅 시 취소는 자유로우나, 1년 안에 꼭 해당 마일리지를 사용해야 한다.). 가짜 티켓까지 만들 정도로 이번 이동을 치밀하게 계획했다. 게다가 미국 입국에 필요한 전자여행허가(ESTA) 신청에도 완벽을 기했기 때문에 거리낄 게 없었다. 전자여권을 발급받고 에스타를 신청하면 2년간 무비자로 미국을 드나들 수 있다.

여권을 내밀었다. 에어멕시코 직원은 "최종 목적지가 어디냐?"고 물었고, 난 "LA."라고 대답했다. 여차하면 귀국 항공권을 내밀려고 프린트된 종이를 손에 쥐고 있었다. 직원은 "에스타를 신청했느냐?"고 물었고, 난 당당히 바투서며 "예스."라고 말했다. 다시 그녀가 되물었다.

"그럼, 에스타(ESTA) 프린트한 거 있겠네요?"

"헐~ 없는데."

"잠깐만 기다리세요." 직원은 상급자에게 갔다. '아놔! 뭐지 여기서 꼬이나? 제발 별 일 없길….' 양의 얼굴이었던 그녀는 늑대의 얼굴로 돌아왔다. 낌새가 좋지 못했다.

"공항 2층에 가면 프린트할 수 있는 곳이 있는데 거기서 프린트를 해오세욧!"

기습이었다.

케냐에 이어 두 번째 고초인가? 시계를 보니 출발 1시간 10분 전. 이마에 식은땀이 번들거렸다. 그런데 아무리 찾아봐도 프린트할 수 있는 곳이 보이질 않았다. 궁여지책으로 스타벅스에 들어가 노트북을 켰다. 그리고 에스타 사이트에 접속해 여권번호를 넣고 신청 서류를 불러냈다.

"헐~ 헐~ 헐~ 캬아악!"

기록이 감쪽같이 사라져 있었다. 토네이도급 충격이 뒤통수를 후려갈겼다. 앞이 보이지 않았다. 갑자기 식은땀이 오한으로 바뀌며 눈앞이 어질어질했다. 우황청심환은 고사하고 진정제를 맞아도 충격과 흥분이 가라앉지 않을 것 같았다. 쿵쾅거리는 심장 소리가 내 귀에까지 들릴 지경이었다.

'김동우! 김동우! 자~ 침착하게 다시 한 번 해보는 거야. 여권번호 영문 앞자리를 대문자로 하고… 천천히 다시 해보는 거야!'

그런데 이게 어떻게 된 조화란 말인가. "엄마~아~ 나 어떻게~" 다시 정보를 입력해 보았지만 있어야 할 에스타가 감쪽같이 자취를 감추고 없었다. 첨단 보안 기술을 자랑하는 미국 에스타 사이트가 중국 해커에 공격당했을 리 만무했다.

혼미해진 정신에 컴퓨터 모니터가 흐릿해졌다. 이건 내가 절대로 저지를 수 없는 실수였다. 이런 말도 안 되는 상황은 내 삶을 돌아봤을 때 도저히 일어날 수 없는 일이었다. 이건 내가 아니었다. 게슈탈트 심리학의 '붕괴 현상'이 지금 나한테 일어나고 있었다.

"된장! 뭐지! 이건!" 충격의 도가니에서 좀처럼 빠져나오지 못하고 머리를 감싸 안았다. 주변 시선이 내게 쏠렸다. 송골송골 등에 맺힌 땀이 엉덩이 골로 빨려 들었고, 노트북 자판은 떨리는 손에서 삐져나온 땀으로 번들거렸다.

'아니야! 아니야….' 고개를 가로저으며 다시 희미해져가는 정신 줄을 붙잡았다. 그리고 뚫어져라 모니터를 응시했다.

"자…암…깐!"

그런데 영어로 도배된 화면이긴 했는데 어딘가 좀 어색해 보였다. 한 줄기 희붐한 여명이 스쳤다. 천천히 검색 사이트 목록을 다시 훑어봤다.

"크아악~ 하늘이여! 오늘도 저를 버리지 않으셨군요!" 에스타 공식 사이트가 모니터 하단에 있는 게 눈에 띄었다. 심호흡을 크게 하고 다시 에스타 사이트에 들어가 여권번호와 이름 등의 정보를 넣고 소심한 검지로 마우스를 클릭했다.

"푸~하~핫! 이런 귀여운 꼼수쟁이들!"

곧바로 내 이름과 신청 번호가 화면을 채웠다. 문제는 시간이었다. 프린트할 곳을 찾다가는 미국이고 뭐고 리마 일정이 더 길어질 것 같았다. 노트북 창에 에스타 화면을 띄운 채 에어멕시코 데스크로 전력 질주했다.

"승객을 찾습니다. 덩~우 킴! 승객을 찾습니다. 덩~우 킴!" 민망한 안내 방송이 공항 안에 울려 퍼졌다. 대륙 이동 때마다 이게 웬 고생이란 말인가. 내 작은 소망은 남미를 조용히 뜨는 게 전부였다.

그런데 불행이 여기서 끝나면 좋으련만, 출국 심사대의 긴 줄은 수능시험에 늦은 입시생처럼 날 극도의 초조와 불안으로 몰아넣었다. 이대로 기다렸다간 절대 비행기에 오를 수 없을 것 같아 공항 직원에게 보딩 패스를 보여주며 앞으로 가겠다고 했다. 설사가 곧 터질 것처럼 발을 동동 구르는 내게 공항 직원은 무뚝뚝한 목소리로 그냥 기다리란 말뿐이었다.

순간 분노가 움텄다. 융통성이라곤 태어날 때부터 옆집 개한테 줘버린 인간이었다. 그렇다고 이 상황에서 "Señor~ Soy Estudiante, Por Favor~(선생님, 저 학생이에요. 제발요~)"란 내 필살기를 들이밀 상황도 아니었다. 따지고 들고 싶었지만, 한 달짜리 스페인어 공부 실력으론 언감생심이었다.

탑승 마감 5분 전. 결국 에어멕시코 탑승객의 들불 같은 항의가 시작됐다. 단결의 힘은 컸다. 또 한 번 전력 질주가 시작됐다. 이번엔 동행이 많았다. 숨을 헐떡이며 '헤드 퍼스트 슬라이딩'(Head First Sliding)으로 탑승을 마무리 지었다.

'도대체, 왜? 우아한 여행은 내게 허락되지 않는 걸까?'

리 마 환 전 팁

리마 미라플로레스(Miraflores) 중심가엔 카지노가 성업 중이다. 환전이 필요하다면 일단 구경도 할 겸 카지노로 가라! 일반 환전소보다 카지노 환전소 환율이 좋을 때가 있다. 이 환전법은 카지노에서 절대 딴짓하지 않는다는 비장한 각오가 있어야 성공할 수 있다. 자칫 카지노에서 달러를 다 탕진할지도 모르니 말이다.

미국 · 캐나다 · 싱가포르
핵심 여행기

●

오해를 없애기 위해 덧붙인다. 이후 일정은 미국, 캐나다, 싱가포르였다. 하지만 트레커의 흥겨운 여행담이라기보단 다시 한국으로 돌아오기 위한 '멍때림'의 시간이었다. 이 책은 그래서 '북미' 없이 '남미'란 타이틀을 달고 있다. 이후 여정 가운데 소개할 만한 핵심 에피소드를 간단히 짚고 넘어간다.

트레킹화를 벗다

미국 도착 다음 날 곧바로 코리아타운에 있는 사우나를 찾았다. 시설은 한국을 능가했다. 가격은 10달러로 결코 착하지 않았지만 샴푸, 칫솔, 면도기가 무료로 제공됐다. 오랜만에 냉온탕을 오가는 맛이 최고였다. 여기다 습건식 사우나까지, 더 이상 바랄 게 없었다. 9개월간의 땟물이 제대로 빠졌다. 때 빼고 광낸 뒤 시타델 아울렛(Citadel Outlets)으로 향했다. 등산복만 입던 단조로움에서 벗어나고 싶었다. 밑창이 다 닳아빠진 등산화를 좀 쉬게 해줄 타이밍이기도 했다. 나이키 운동화를 60달러에 '득템' 했으니 그럭저럭 괜찮은 소비를 한 것 같았다. 문명은 날 하루아침에 '나태한 여행자'로 바꿔 놓았다.

미국 여행 최악의 '굴욕'

"블랙잭 테이블이 어디죠?" 놀고 있는 딜러에게 물었다.

"네?"

"블랙잭!" 내 발음에 김치 냄새가 나는지 남미의 와인 냄새가 나는지 알 수 없었지만 기초 영어가 통하지 않았다.

"네~엥?" 딜러는 고개를 갸웃거리며 다시 못 알아듣겠다는 시늉을 했다. 아놔!

"블~랙~제~엑." 침착하게 혀에 버터를 잔뜩 묻혀 최대한 미국식 발음을 흉내 냈다.

"???" 딜러는 더욱 모르겠다며 어깨를 들썩였다. 당황한 건 나도 마찬가지였다. 블랙잭을 다른 말로 부르는 게 아닌가 하는 의심마저 들었다.

"블랙! 블랙~제~에~엑!" 천천히 악센트를 주며 제발 알아먹어 달라는 비굴한 눈빛으로 입을 열었다.

"오~~~~ 블렉~제~엑."

'된장! 그래 블랙잭!'

미국에 오자 다시 영어 울렁증이 시작됐다.

들어 갈 때 쓰리고 나올 때 흐뭇한 쇼

라스베이거스에서 '태양의 서커스 오쇼'(Cirque du Soleil O Show)를 보기 위해 벨라지오 호텔로 향했다. 티켓 한 장에 무려 160달러 투척!

정확히 7시 30분이 되자 빨간색 무대 커튼이 천장 속으로 휘리릭 빨려 들어갔다. 소름이 돋았다. 서커스를 예술의 경지로 올려놓은 공연이 전혀 예상치 못한 방법으로 막을 올렸다. 무대는 바다에서 호수로 그리고 다시 땅으로 변신했다. 엄청난 스케일과 화려한 연출에 가슴이 터질 것 같았다. 육해공이 모두 등장하는 2시간짜리 공연이 어떻게 지나갔는지 모를 정도였다. 공연장에 들어갈 때는 값비싼 티켓 때문에 속이 쓰렸는데, 공연장을 빠져나올 때는 흐뭇한 미소가 번졌다.

슬롯머신 앞에서

기대를 안고 가볍게 슬롯머신 앞에 앉았다. 지루한 시소게임이 계속됐다. 그러다 나에게도 행운의 여신이 찾아왔다. 본전 20달러는 52달러로 불어 있었다. 이 돈이면 하루치 방값이었다. 여기서 자리를 털고 일어났어야 맞다. 역시 사람은 들어갈 때와 나올 때를 잘 알아야 한다. '번뇌는 욕심에서 생긴다고 했다. 나무아미타불….' 잠시 뒤 깔끔하게 본전까지 털린 배낭여행자의 허탈한 심정이란… 난 점점 이성을 상실해 갔다.

올누드의 그 남자

샌프란시스코에서 관광객이 제일 많이 찾는 '피셔맨스 워프/39'(Fisherman's Wharf/39). 먼저 눈에 들어온 건 피쉬앤칩스. 큼직한 **빵** 사이에 튀긴 생선과 야채가 들어 있는 샌드위치가 먹음직스러웠다. 멀리 영화 '더록'의 배경 알카트라즈 섬도 보였다. 눈을 돌리자 백주대낮에 남자끼리 쪽~ 쪽~ 하고 있는 게이 커플이 눈에 띄었다. 잠시 뒤 횡단보도 앞. 실오라기 하나 걸치지 않고 중요 부위를 당당하게 노출시키고 걷는 올 나체 남성! "뜨~아~악! 뭐지! 이건!"

공포의 팁

라스베이거스에서 밥을 먹고 식당을 나서고 있었다. 다급하게 여 종업원이 날 불러 세웠다.

"팁, 안 주셨는데요!"

"네?"

"팁이요!"

"팁을 꼭 드려야 하나요?"

"그럼요!"

"보통 얼마나 드리죠?"

"보통 알아서 주시는데, 계산서에 따로 올려드리기도 하는데."

"뭐, 드려야죠. 쩝." 이날의 어리벙벙함이란….

캐나다 밴프의 아름다움

여행을 하다 보면 때론 글보단 사진이 더 어울리는 장소를 만난다.

방심의 결과

방심은 참담한 결과를 낳았다.

"Stop!"

공항 직원이 날 막아섰다. 그는 엑스레이 기계에 짐을 넣으라고 했다. 문제될 게 없어 헌걸차게 배낭을 기계에 넣었다. 배낭에선 담배가 나왔다. 세관 직원은 담배 한 보루에 세금이 무려 70~80달러라고 했다. 단말마의 신음이 흘러나왔다. 세금을 내지 않으려면 담배를 포기하면 된다.

"What?" 마추픽추에서 내질렀던 날선 소리가 똑같이 튀어나왔다. 남미에서 잘만 통하던 호통이 공허한 메아리가 돼 돌아왔다.

"Up To You!(맘대로 하세요)"

'잠깐, 잠깐, 내가 지금 어디에 와 있는 거지? 여긴 껌도 못 씹는 나라 싱가포르!'

알토란 같은 100달러

여행의 피로를 동남아 순회로 풀기 위해 싱가포르~인도네시아 발리행 편도 비행기 티켓을 예약해 놓았다. 하지만 더 이상 여행이 당기지 않는 '여행 불감증' 증세가 심해지고 장고 끝에 귀국을 결정하게 된다. 그리고 막돼먹은 에어아시아의 예약 '낙장불입' 정책은 내 여행경비 중 100달러를 꿀꺽 삼켜버렸다. 욕 나온다, 정말!

우린 비록 여기서 헤어져야 하지만
이별은 아닐 거야.
당신이 있는 곳에 나도 있을 거고,
당신이 걷는 그 길을 나도 같이 걸을 거야.
당신이 커피를 마시면 난 그 향을 맡겠지.
만일 당신이 나를 가슴에 품고 있다면.

혼자라고 생각한 여행길이었어,
언젠가부터 누가 내 옆에서 함께 걷고 있는 것 같은 기분이 들어.

마지막 여정

집으로 가는 길

여행을 묻다

타인의 여행,
나의 여행

누가 물었다.

"어떻게 직장을 그만뒀어? 여행 다음엔?"

난 답했다.

"그냥 저질렀지. 그리고 갔다 와서는… 천천히 생각해 봐야지."

일어나든가 누워 있든가, 먹든가 굶든가, 남든가 떠나든가, 걷든가 멈추든가, 찍든가 찍지 않든가, 사랑하든가 무관심하든가, 가든가 오든가, 사든가 말든가, 참든가 화내든가, 들어가든가 나오든가, 바라보든가 외면하든가….

선택에서 자유로울 수 있는 사람은 없다. 삶의 본질 중 하나는 선택이다. 삶은 매 순간 선택을 강요한다. 그리고 결정이란 이름으로 어쩔 수 없이 한쪽에 손을 들어줘야 한다. 이분법적 사고의 위험성에도 불구하고 결정의 대부분은 양자택일의 모습이었다.

선택은 가짓수가 많지 않을뿐더러, 어쩔 수 없이 한 가지를 취하고 한 가지

는 버릴 수밖에 없게 한다. 갈등을 해본들 달라지는 건 그리 많지 않다. 가끔은 유쾌하지도 개운하지도 않은 게 선택이다.

후회와 욕심은 선택의 결과가 내 생각과 다를 때 나타난다. 그때 우린 부질없는 짓임을 알면서 버린 것들을 떠올리며 괴로워한다. 누구도 결과를 예측할 순 없다. 불확실한 게 삶이다. 이 때문에 우린 결정의 순간 앞에서 주저한다. 우유부단은 소심함이 아니다. 어떤 결과에도 책임지지 않으려는 욕심의 다른 모습일 뿐이다.

지금 내 모습은 아주 사소했거나 사소하지 않던 과거의 결과다. 별 차이 없는 듯 보이는 무심했던 선택의 결과는 시간 속에 몸집을 불린다. 지금의 모습도 미래의 모습도 모두 내가 만든 결과인 셈이다. 내 기억 속에는 기대, 후회, 선택의 순간이 추억이 돼 함께 살아간다. 그 순간과 순간 사이엔 실패가 아로새겨 있다.

사람들은 여전히 내게 '어떻게 사표를 내고 세계 일주를 했느냐'고 묻는다. 이제 내게 묻지 말길 바란다. 질문은 페르소나(Persona) 뒤에 있는 진짜 나 자신에게 해야 마땅하다. 질문의 방향은 내 앞이 아닌 내 안으로 향해야 한다. 난 내게 묻고 답을 얻었다. 그리고 행동으로 옮겼다. 속도가 아닌 방향에 집중했고, 지금 무엇인가를 하고자 했다.

결국 타인이 내 삶에 미칠 수 있는 영향이란 그리 크지 않다. 딱 한 사람만 빼고….

집으로 가는 길

싱가포르 창이 국제공항.

한국~중국~파키스탄~UAE~요르단~이집트~에티오피아~케냐~탄자니아~아르헨티나~브라질~파라과이~칠레~볼리비아~페루~미국~캐나다~싱가포르~한국으로 이어지는 세계 일주가 대단원의 막을 내리는 순간이었다.

국적기는 그 자체로 뭉클했다. 6시간만 있으면 정확히 지구 한 바퀴를 돌아 고국 땅을 밟게 된다. 마지막 비행. 각별한 감동이 밀려들 줄 알았는데 회사를 다니다 잠시 동남아로 휴가를 다녀온 정도의 이 떨떠름한 느낌은 뭐란 말인가. 하지만 돌아갈 회사는 없었다. 비행기 탑승 직전 딱 한 번 '울컥' 하고 감정이 북받쳐 올랐다. 그런데 방긋 웃어주는 승무원을 보자 울렁이던 감정은 온데간데없이 사라졌다.

"이히히, 가는구나!"

비행기가 이륙하고 그간 못 본 영화를 돌려 보니 6시간이 후다닥 지나갔다.

그동안의 여정은 긴 비행을 무척이나 짧게 느끼게 해주었다. 비행기가 제주도 상공을 날고 있었다. 드디어 대한민국 영토! 마음이 한결 편안해졌다. 새벽어둠을 뚫고 비행기가 인천공항에 가만사뿐 내려앉았다. 300여 일 만의 귀환이었다.

입국 수속은 기다림 없이 일사천리로 진행됐다. 만신창이가 된 배낭을 찾아 입국장을 빠져나왔다.

'앗! 이 사람들의 빠른 흐름!' 세계 일주가 정상적 재생속도였다면 인천공항 입국장은 16배속 빨리 감기를 보는 것 같았다.

'오긴 왔구나… 한… 한국.'

리무진버스 표를 사들고 버스정류장으로 향했다. 거짓말처럼 내가 타야 할 버스가 정류장으로 들어섰다. 한국은 모든 게 신속했다. 그간 느리게 살던 내게 이건 일종의 모험이었다.

공항에서 리무진버스를 타고 동서울터미널로 가 홍천행 버스에 올랐다. 여행 중 부모님은 서울 생활을 청산하고 강원도 홍천으로 낙향을 전격 감행하셨다. 홍천이 고향이거나 인척이 있는 것도 아니었다. 세계 일주는 매일 매일 이 새 길, 새 얼굴과의 만남이었다. 그런데 실천력 강한 부모님 덕분에 집으로 가는 길조차 낯선 길이어야 할 '업'(業)이라니… 기구한 내 신세에 헛웃음이 났다. 군대를 제대한 날 이사한 새집을 찾아간 기억이 떠올랐다. 이사를 많이 한 것도 아니었는데 가만 생각해 보니 아들의 부재를 절대 놓치지 않는 분들이었다.

한 시간 뒤 홍천버스터미널 앞. '뭐지… 이 썰렁한 분위기는?' 택시를 타려고 보니 정류장에 차가 한 대도 없었다. 그렇다고 도로 위에 택시가 있는 것도 아니었다. 시내 한가운데 있는 터미널 앞에 택시가 없다는 건 상식이 아니었다. 동해안에 오징어 씨가 말했다더니 딱 그 격이었다.

"저기요, 오늘 무슨 일 있나요? 왜 택시가 한 대도 없어요?" 길에서 사람을 붙잡고 물었다.

"오늘 전국적으로 택시가 파업한다고 그러잖아요."

"네~에~엣!"

세계 일주 출발 당일엔 막 나가는 지상 승무원이 타야 할 비행기를 찾지 못해 새가슴을 만들더니, 귀국하는 날은 택시기사들의 파업. 집을 떠나는 것도, 집에 돌아오는 것도 마음을 졸이긴 매한가지였다. 공중전화를 찾아 아버지에게 전화를 걸었다. 돌아온 답은 간단했다.

"뭐 어째, 기다렸다 버스 타고 와야지~"

그렇게 시골 버스 정류장을 찾고, 요금을 묻고, 내려야 할 정류장을 확인했다. 묻고 또 묻고… 집을 코앞에 두고도 여행은 계속됐다. 달라진 게 있다면 뜻이 확실한 모국어에 대한 이해력 정도였다.

버스 문이 열렸다. 기사아저씨에게 내려야 할 정류장이 맞는지 한 번 더 확인했다. 저만치서 아버지가 마중을 나와 있었다. "왜 안 내리고 꾸물거려." 지구 한 바퀴를 돌아 새집을 찾아온 아들에게 하는 아버지의 첫마디였다. 아버지는 수족을 자유자재로 쓰는 아들을 확인하곤 그제야 짧게 한마디 덧붙였다.

"어휴~ 사지 멀쩡해 다행이다."

아버지와 나란히 서글서글하게 휘어진 고샅길을 걸었다. 뽀드득, 뽀드득 눈밭 위에 길게 발자국이 이어졌다.

"멍, 멍! 머~엉~멍!" 집 앞마당에 들어서자 일면식도 없는 우리 집 막내가 날 잡아먹을 기세로 반겼다. 여행 중 간간이 동생이 보내준 사진으로 새끼 때부터 텔레파시를 나눈 진돌이였다. 이 소리에 엄마가 문을 열고 뛰쳐나왔다.

"아들아~"

가슴이 고동치는 길에서 신명을 다해 여행을 즐겼다. 그리고 다시 원래 있던 자리로 돌아 왔다. 이 자리가 내가 있어야 할 곳인지는 불분명했지만, 이제야 긴장을 내려놓고 깊은 잠에 들 수 있을 것 같았다.

집을 떠나는 게 여행이지만, 그 완성은 집에 돌아오면서 이뤄진다. 삶도 치열하고, 여행도 치열하긴 마찬가지다. 거기서 우린 질문을 던지고 답을 얻고, 또 다른 질문을 던지며 그렇게 가야 한다.

세계 일주의
말로(末路)

세계 일주 뒤 인생이 어떻게 변했냐고 묻는 사람이 많았다. 그래, 솔직히 까놓고 이야기해보자! 세계 일주가 내 인생을 얼마나 찌질하게 만들었는지….

꿈에서 깨자 현실이 기다리고 있었다. 당분간 집도 절도 없이 부모님 집에 얹혀 지내야 하는 신세. 다 늙은 부모님이 무슨 죄란 말인가. 그래도 사지 멀쩡한 덕에 눈칫밥을 먹진 않았다. 고기반찬도 곧잘 나왔다. 눈치를 주는 건 부모님이 아니라 나 자신이었다.

시선을 피해 '친구네 집 투어'에 나섰다. 그간의 정으로 숙식도, 밥도, 세탁도, 인터넷도 꽁이었다. 여행 중 고민하던 모든 것이 무료로 제공됐다.

여행 얘기로 '설'(說)을 좀 풀면 다들 귀가 쫑긋한다. 생소한 아프리카·남미 이야기는 어딜 가나 환영받았다.

적절하게 대륙을 넘나들며 먹고·자고·씻고·싸고·보고·마시고 등의 이야기보따리를 풀어내면 다들 시간 가는 줄 모르고 얘기를 경청했다. 이야기가 식상해지면 여행 중 만난 사기꾼 스토리와 최악의 화장실 얘기로 분노와 경악을 느끼게 해주었다.

하지만 여행에서 돌아와 보니 결혼한 선후배와 친구가 부쩍 많아진 건 악재 중 악재였다. 부모님 눈을 피해 메뚜기 생활을 하려면 대학 졸업 앨범을 꺼내야 할 판이었다. 그런데 내가 이런 빈대 스타일을 별로 좋아하지 않는다는 게 문제였다.

또 장기 여행으로 인한 만성피로는 집구석에 처박혀 있는 순간을 가장 즐겁게 해주었다. 세계 일주자답게 말하면 여행을 소화시킬 시간이 필요했던 거고, 백수의 어법으로는 '빵구' 난 통장이 문제였다.

그다지 얻어먹는 걸 즐기지 않는 편이지만, 백수란 이유로 십시일반 걷는 저녁 회비를 누군가 선뜻 대납해 주는 이상야릇한 경험은 한동안 계속됐다. 허나 이것도 한두 번이지 이게 다 빚 아닌가. 순간은 안도했지만, 먼 미래를 생각하자 암울했다.

미국과 캐나다 여행은 통장을 거덜 낸 효자 노릇을 톡톡히 했다. 북미를 포기하고 동남아로 직행했으면 몇 달치 여행경비를 뽑고도 남았을 텐데…. 매달 신문과 사보 등에 쓰던 여행기 연재도 끝났다. 직장을 잡거나 알바를 하지 않는 이상 돈이 나올 구멍은 없었다. 부모님은 어깨 처진 아들을 위해 가끔씩 용돈을 주셨다. 한사코 안 받겠다며 손사래 쳤지만 돌아서면 만 원짜리 몇 장이 주머니에 들어 있었다. '된장.'

사람구실을 전혀 못하고 있었지만, 당장 직장을 잡아 다시 생활 전선에 뛰어들고 싶은 마음은 추호도 없었다. 일단 책을 써야 했다. 숨이 턱턱 막히는 직장생활과 책 쓰기를 병행할 자신은 없었다. 정신 차리고 혼신의 힘을 다해 일단 책을 완성하는 데 집중했다.

하루, 이틀, 일주일, 한 달, 두 달…. 쓰고, 보고, 고치고가 무수히 반복됐지만 원고는 마음에 들지 않았다. 그럴 때마다 밑천이 드러난 독서량을 후회했고, 끈기 없는 내게 화를 내기도 했다. 매일이 나와의 싸움이었다. 이런 일상이 세 달 정도 흐르고 노트북을 던져버리고 싶어질 때쯤 어느 정도 원고가 완성됐다.

샘플 원고를 투고하기 시작했다. 그런데 원고를 보낸다고 바로 답이 오는 것도 아니었고, 투고한 원고는 '읽지 않음' 상태가 허다했다. '서로 내 원고를 출간하겠다고 달려들겠지'란 생각이 크나큰 망상이었다는 게 백일하에 드러난 셈이었다. 간헐적으로 출간이 어렵다는 Ctrl+C, Ctrl+V 답이 돌아왔다. 한 달 뒤에 답이 오는 건 예삿일이었다. 30군데 정도 투고했을 때 유명 출판사에 다니는 친구에게 전화를 걸었다.

"나, 투고 더는 못하겠다. 요즘 어디 세계 일주 하고 책 낸다고 하는 사람이 한둘이겠냐. 안 되나 봐."

"편집자마다 보는 시각과 생각이 다 달라. 조금만 힘을 내봐. 분명 알아봐 주는 곳이 있을 거야! 원래 이 바닥이 그래…."

"정말, 그럴까…."

영혼 없는 묻지 마 투고가 계속됐다. 시간은 속절없이 흘렀고, 통장은 마이너스로 돌아선 지 오래였다. 집구석에 틀어박혀 허송세월하고 있는 내가 불쌍했는지 친구가 생활비를 보내왔다. 돈을 갚아야 한다는 부담보다 당장 국밥이라도 한 그릇 할 수 있는 현실에 안도했다. 사정을 잘 알고 있는 친구는 비루한 백수생활을 이해했지만, 안정적으로 직장생활을 하고 있는 유부남 선배는 얼굴만 보면 잔소리를 해댔다. 시간이 지나자 부모님은 고등학교 졸업 이후 처음으로 내 '장래희망'을 궁금해했다. 사람을 가려 만나기 시작했고, 세계 일주를 마쳤다는 자신감은 팍팍한 현실 앞에서 추풍낙엽처럼 속절없이 바닥을 쳤다.

그때쯤이었다. 60군데 정도 투고했을 때 미팅을 하자는 메일 한 통이 날아왔다. 푸들푸들 떨리는 손으로 답장을 썼다. 출판사 편집자를 만난 자리에서 진정성 있는 내 열변이 긍정적 효과를 냈는지, 일단 얘기는 좋은 방향으로 마무리됐다.

그렇게 내 생애 첫 책은 여행에서 돌아온 지 1년 4개월 만에 서점 한쪽에 자리를 잡았다. 지금까지 책으로 번 수입은 단돈 200만 원. 세계 일주 비용이 3000만 원 정도였으니… 이 정도 여행경비면 옵션 좋은 소나타 한 대 값이다. 여행을 떠나지 않았으면, 연봉이 올랐을 거고, 결혼도 했을지 모른다. 보험 해약은 웬 말이고, 청약통장도 그대로 살아 있었을 거다. 또 안 되는 실력으로 책 쓴다고 머리가 빠지지도 않았을 거다. 돈과 직장으로만 따지면 이렇듯 여행은 내 삶의 상당 부분을 갉아먹었다.

가끔 책 팔아 대박이 난 줄 아는 어처구니없는 지인을 만날 때가 있다. 그럴 때마다 쓴웃음을 삼킨다. 책으로 돈 벌겠다는 생각은 애당초 앞뒤가 맞지 않는 얘기다. 버킷리스트 두 번째 자리에 있던 '책 쓰기'를 해보고 싶었던 게 다다. 이 대목에서 당부 한마디.

"제발 작가한테 책 달라고 하지 마시길, 책 한 권 팔아 작가 주머니에 입금되는 돈은 1000원 남짓이에요. 휴~"

결국 자본주의 사회의 궁핍한 생활고를 견디지 못하고 취업사이트를 이 잡듯 뒤지는 걸로 돌파구를 찾았다. 전혀 새로운 분야에 도전하는 것도 쉽지 않았다. 배운 게 도둑질이라고 하던 일이 제일 편했고, 잘할 수 있었다. 그렇다고 다시 치열한 기자 생활로 돌아가고 싶은 생각은 눈곱만큼도 없었다.

재취업의 조건은 분명했다. 회식이 많지 않고 '칼퇴'로 저녁 있는 삶이 가능할 것, 내 일만 확실히 하면 눈치 안 보고 휴가를 쓸 수 있는 곳, 정규직·비정규직 따지지 말 것, 기왕이면 여행 관련 글을 쓸 수 있는 곳, 연봉이 깎이는 건 감수할 것 등이었다.

그렇게 어렵지 않게 다시 사회 일원으로 복귀를 신고했다. 어렵지 않았다는 건 욕심을 많이 버렸단 이야기다. 취업 사이트를 계속 보고 있으면 신기하게도 욕심이 사라진 열반 상태의 자신을 발견할 수 있다.

그런데 직장을 잡고 보니 백수로 살 때는 입질도 없던 소개팅이 살금살금 들어오기 시작했다. 실소가 나왔다. 자! 자! 이게 현실이다.

그 사이 출간된 책이 입소문이 났는지 'EBS 세계테마기행—요르단 편'에 출연하게 됐고, CBS 라디오(FM 98.1) '이명희, 송정훈의 싱싱싱'에서 혀 짧은 목소리로 여행기를 전하기도 했다. 그리고 운 좋게 네이버 포토갤러리 '오늘의 포토'에 작품이 걸리는 행운도 찾아왔다.

얼핏 보면 해피엔딩처럼 보이지만, 내 궁극의 목표 '회사 없이 살기'엔 턱없이 모자란 능력으로 고민하는 날은 거듭되고 있다. 돈 없이 산다는 건 불가능한 일이다. 돈의 굴레에서 벗어나고 싶어 발버둥 쳐봤자, 매일 아침 한 마리 연어로 빙의해 지하철을 거슬러 작은 책상을 찾아가는 게 일상이다. 꿀단지 속에 빠진 파리가 자신이 죽어가는 줄도 모르는 그런 삶이 다시 시작된 거다.

인생은 괴로움의 연속이다. 괴로움을 즐거움이라 생각하며 살아가는 게 우리들 아니겠는가. 세계 일주 이후 이런 착각이 눈에 보이기 시작한 건 최대 소득이었다.

어떤가? 꿈결 같은 여행 뒤에 기다리고 있는 현실이. 세계 일주를 다녀온다고 변하는 건 없다. 능력이, 돈이 생기지도 않는다. 생활수준은 놀부보단 흥부 쪽에 가까워지고, 좋은 직장 다니는 친구를 보면 심리적 위축을 겪을지 모른다.

세계 일주의 말로(末路)가 장밋빛일 거란 착각은 미리 종량제 쓰레기봉투에 넣어 두길 바란다. 정녕 이런 가시밭 같은 길을 가겠는가? 숙고의 숙고를 거듭하길 바란다. 이런 뒷감당이 가능하면 배낭을 싸고, 그렇지 못하다면 그냥 살던 대로 사는 게 해답이다.

지금 떠날지 말지를 갈등하는 독자를 위해 한마디만 더 하자. 암튼 용기를 좀 내보자. 중요한 건 용기다. 좀 비싼 밥 안 먹으면 어떤가, 술값 한 번 못 내면 어떤가, 차가 없으면 어떤가, 걸어 다니며 여행하듯 살면 되지… 분명한 건 세계 일주 다녀왔다고 죽진 않는다는 거. 어떻게 해서든 살아가게 된다.

삶은 살아지는 게 아니고, 살아가는 거다. 화려한 귀국을 위해 지금부터 칼을 갈아라! 당당한 경력직 입사원서를 지금부터 만드는 거다. 지금 하고 있는 일이 포트폴리오인 셈이다. 낮엔 일에 몰두하고, 칼퇴 뒤엔 미래를 위한 배움에 미쳐보자! 땀은 결코 배신하지 않는다.

가끔 "또 한 번 세계 일주를 하고 싶으냐?"고 묻는 사람들이 있다. 그래 한 번 더 까놓고 이야기해보자.

"또 하고 싶다! 된장!"

여행이 준 선물

세계 일주를 하면 엄청나게 커져 있는 나와 마주할까? 글쎄, 내가 원했던 모양은 그다지 아닐 것 같다. 그런데 내가 뜻하지 않았던 아주 사소한 행동과 사고가 날 한 번씩 놀라게 한다. 기대하지 않았던 것이니 선물이란 단어가 어울릴 것 같다. 세계 일주 뒤 내게 찾아온 선물을 정리해 봤다.

#1 여행하다 보면 한국 고유 식생활 때문에 고생할 때가 많다. 너무 괴로워 이게 싫을 때도 많았다. 여행 중 한식이라면 쓰레기통이라도 뒤질 기세였다. 그런데 한국 도착과 함께 신기하게도 한식에 대한 갈증이 바로 해소됐다. 뭘 제대로 먹지도 않았는데 말이다. 또 반찬투정이 사라졌다.

#2 여행 초기 어디서나 접속 가능한 모바일 인터넷이 사라지자 불안에 떨었던 적이 있다. 시간이 흐르면서 이런 불안은 솔직히 편안으로 바뀌었다. 없어도 산다. 있으면 좀 편할 뿐.

#3 간발의 차로 지하철을 놓치고, 헐레벌떡 뛰어간 정류장에서 버스 뒤꽁무니가 멀어지는 걸 볼 때의 안타까움… 여행은 기다림의 연속이었다. 떠난 건 떠난 거고, 기다리라면 기다리면 되는 거고. 순응하는 삶이 스트레스가 적었다.

#4 여행 뒤 심리적 이동거리는 정말 괄목할 만한 성장을 이뤄냈다. 친구를 만나 보니 서울 안에서도 거리가 멀다고 느끼는 사람이 많았다. 에티오피아에서 버스로 10시간 거리에 있는 여자 친구를 만나러 가는 청년과 이야기한 적이 있다. 그래도 그는 행복해했다.

#5 얼마 전 지하철에서 멋들어진 힙합 차림을 한 청년을 본 적 있다. 음악을 꽤 좋아하는 친구 같았다. 나와는 여러모로 취향이 다른 사람이었다. 그런데 신기하게 그냥 젊음이 좋았다. 거부감 없이 그 청년을 보면서 혼자 빙그레 웃고 말았다.

#6 광화문에서 흔히 볼 수 있는 외국인 관광객. 지도를 보는 모습은 진한 동질감을 불러일으킨다. 그들에게 말을 걸어 위치를 가르쳐 주고 싶지만 사기꾼으로 오해받을까 봐 자제 또 자제한다.

#7 날씨 뉴스를 보고 있으면 세계 날씨가 눈에 잘 들어온다. 캐스터가 불러주는 도시 풍경이 머릿속으로 그려진다. '잘 지내고 있겠지….'

#8 귀국 후 인파로 뒤덮인 북한산에 가보고 깜짝 놀란 적이 있다. 장기여행은 우리나라 산의 체감인파를 대폭 늘려 주었다. 사람을 피해 한달음에 설악 산으로 달려갔다. 한국에서 가장 그리운 곳이었다. "오우웃! 맞아! 입장료 가 없었지!"

#9 세계 일주자가 느낀 한국 물가는 막말로 더럽게 비싸다. 특히 한국 스타벅 스 가격은 정말 최악이다.

#10 여행 뒤 여행 프로그램이 방송되면 반사적으로 채널을 돌려 버리는 이상 증세를 겪게 됐다. 스스로 자제해야 한다고 느낀 것 같다.

#11 언제까지나 백수로 살 순 없었다. 일을 해야 했다. 하지만 회사가 내 인생 전부가 되는 삶을 살고 싶진 않았다. 생각을 바꾸니 기회가 더 많이 보였다.

#12 더 이상 물건을 사 모으지 않는다. 여행 전 버린 짐에서 한 번 더 짐을 덜 어냈다. 심플하고 간단한 미니멀리즘이 삶의 가장 큰 기준이 됐다.

#13 세계 일주 전엔 지도에 표기된 시간보다 항상 빨리 산을 탔다. 이젠 늦을 때가 많다.

#14 여행 뒤 책을 썼다. 그리고 TV와 라디오에 출연했다. 인생이 좀 더 다이 내믹해졌다.

#15 종교가 믿음이 아닌 탐구의 대상으로 변했다. 불교에 자꾸 관심이 갔다.

#16 어디 가나 내 손엔 카메라가 들려 있다.

#17 여행 전보다 사람 많은 곳을 더 기피하게 됐다.

#18 불행하게도 또 한 번 긴 여행을 꿈꾼다. 그 달콤함을 알아 버렸기에 꿈은 나를 더 답답하게 만든다.

#19 시간이 갈수록 슬금슬금 여행 전 일상이 다시 시작되고 있다. 그래도 아직 자동차를 사진 않았다.

#20 이 모든 걸 종합해 봤을 때 행복해지는 법을 조금은 배운 것 같다.

아쉽게도 행복해지는 법은 학교 교과목에 없다. 오늘도 난 행복하기 위해 걷고, 쓰고, 찍는 꿈을 꾼다. 일상에서….

Interview **이지상 여행 작가**

역동적 뿌리내리기

●

　세계 일주는 또 다른 삶에 관한 질문으로 머릿속을 어지럽혔다. 질문은 질문을 낳고, 답은 요원하기만 했다. 여행은 아침 이슬을 맞고, 별빛을 보며 집과 회사를 반복적으로 오가는 가여운 평민들의 외도다. 궁극적으로 여행이 탈출구가 될 수 있을까? 오래된 여행자는 여행을 어떻게 바라보고 느끼고 있을까? 현자의 생각이 궁금했다. 선뜻 한 사람이 생각났다.

　이지상 여행 작가.

　배낭여행 1세대로 27년간 세상을 거닐며 글을 써왔다. 사람들은 그를 '오래된 여행자'라 부른다. 서강대학교 학부 때는 정치외교학을, 대학원에서는 사회학을 공부했다. 30대 초반 직장생활(대한항공)을 뒤로하고 장기 여행을 하며 여행과 글쓰기 길로 들어섰다. '그때, 타이완을 만났다'를 비롯해 '도시 탐독', '슬픈 인도', '혼돈의 캄보디아, 불멸의 앙코르와트', '낯선 여행길에서 우연히 만난다면' 등 21권의 여행기, 에세이, 산문집 등을 써왔다. 세계일보에 2년 반 정도 '이지상의 세계 문화 기행'을 연재했고, EBS 라디오 '詩 콘서트', '한영애의 문화 한 페이지', '모닝 스페셜', '세계 음악 기행' 등에 수년간 출연했다. 요즘은 KT&G 상상마당에서 '여행 작가·칼럼니스트 과정'을 통해 글로써 꿈을 이뤄가는 이들을 만나고 있다.

• 오래 여행해 오셨는데, 지금까지 어떤 곳을 여행하셨는지요?

- 여행 초창기인 80년대 후반에는 동남아, 일본 등을 장기 여행 했었고, 그 후 인도·네팔·스리랑카 그리고 중국에서부터 유럽·북아프리카·중동에 이르는 실크로드 여행, 시베리아(겨울 횡단)·아프리카·뉴질랜드 등 멀고 낯선 곳을 많이 다녔습니다. 또 좋아하는 나라는 여러 차례 반복적으로 여행하며 공부한 편인데, 요즘엔 홍콩·마카오·타이완 등 가까운 아시아 국가를 방문하며 철학·사회학적 관찰 등을 즐기고 있습니다.

• 여행을 철학과 사회학적으로 본다는 건 어떤 건가요? 또 이런 학문을 통해 바라본 여행의 의미는 무엇인가요?

- 예를 든다면 우리가 늘 떠나고 싶어 하는 건 자기 삶이 답답해서라고 생각

하기도 하지만 철학·사회학적 관점에선 그것이 인간이 갖고 있는 숙명적 조건이라고 봅니다.

사회학자 미셸 마페졸리는 존재, 즉 'Existence(ek-sistence)'란 말 자체가 '자아에서 벗어나 타인에게 열린다'는 어원적 의미를 갖고 있다고 말합니다. 그래서 존재는 불변 또는 항구가 아니라 타인(Other)에게로, 혹은 더 큰 타자(Other), 즉 우주의 섭리로 향하는 출발점이며 생성이라고 봅니다. 우리는 한 곳에 안주하지 않고 궤도를 넘어서 늘 낯선 곳, 다른 세계로 향하려는 본능을 가지고 있다는 거지요.

그런 본능의 표현 중 하나가 여행이라 할 수 있지요. 여행은 단지 어디 나가서 놀고 먹는 것에서 끝나는 게 아니라 다른 세계를 향한 그리움이나 열망을 표출하는 것이라 볼 수 있으며 이건 인간의 숙명이라 할 수 있습니다. 그래서 인간은 늘 떠남에 대한 열망을 갖고 있지만, 항상 그렇게 살 수만은 없기에 갈등하는 겁니다.

다른 예를 든다면 여행 대중화 현상은 교통과 자본의 발전 때문에 그렇기도 하지만 빡빡하게 돌아가는 근대화, 즉 인간 이성 중심, 합리성, 생산성, 도전, 무한 경쟁… 이런 가치가 지배하는 근대 사회에 지친 대중의 발작적 저항이라고 볼 수도 있지요.

그래서 그토록 많은 이들이 경제가 어렵다는데도 여행을 떠나는 거라 볼 수 있습니다. 철학·사회학적 관점으로 바라본다는 건 이렇게 인간의 근원적 욕망이나 사회 전체의 관점에서 여행을 바라보는 것을 의미합니다.

• 여행도 후유증이 있잖아요. 특히 장기 여행 후 사회 부적응을 겪기도 해요. 조언이 있
  다면요?

– 네, 마음이 붕 뜬 것 같지요. 늘 여행을 그리워하면서 현실에 뿌리내리지 못
  합니다. 다시 떠나야 할 것만 같고. 그러나 사람이 영원히 여행만 하고 살 수
  는 없습니다. 돈을 벌기 위해서든 삶의 의미를 찾아서든 현실에 뿌리내려야
  만 합니다. 단, 다시 떠날 꿈을 꾸면서요. 그게 '역동적 뿌리내리기'라고 봅
  니다. 뿌리내려야만 다시 떠나는 즐거움이 찾아옵니다.

• 세계 일주 중 여행 자체가 삶이 돼버린 여행자를 보았어요. 노마디즘(Nomadism)의 삶
  을 추구하며 계속 떠돌죠. 일상과 여행의 균형을 어떻게 잡아 나가야 하나요?

– 여행 자체가 삶이 될 수는 없다고 봐요. 몇 년은 가능하겠지요. 그러나 20
  년, 30년… 죽을 때까지 그렇게 여행만 할 수는 없습니다. 물론 긴 외국 생
  활 중 일을 하거나 돈을 벌기도 하는데 그것이 계속 떠도는 생활을 위한 방
  편이라면 그건 크게 보아 여행 같습니다.

  한국에 잠시 정착한 행위도 또 떠나기 위한 것이라면 마음은 계속 여행 중
  이라 말할 수 있겠지요. 이런 삶은 노마드적 열망이 자신을 사로잡고 있는
  상태입니다.

  반대로 몸이 아무리 떠돌아도 그것이 지루한 일상이고, 더 이상 만족을 주
  지 못하고 피곤해진다면 그건 여행이 아니라고 봐요. 여행이라는 '일상의 굴
  레'로 빠져든 거겠지요. 장기여행자에게 종종 발생하는 현상이기도 합니다.

걷다 보니 남미였어 • 391

어쨌든 사람마다 성향과 상황이 다르니까 자신이 선택한 삶을 사는 것이겠지만 자신에게 솔직해져야겠지요. 여행이 기쁨을 주면 계속하는 것이고, 그것이 피곤해지고 지루해진다면 그때는 다시 일상 속으로 뛰어들어 뿌리내리는 게 또 다른 여행이라 할 수 있겠지요.

그리고 그것이 또 지루해질 때 다시 그 굴레를 뛰어넘는 행위가 필요하고요. 그렇게 여행과 일상을 오가며 굴레를 깨는 작업이 생기를 준다고 생각합니다. 길게 보면 여행이냐 일상이냐를 선택하는 데서 탈출구를 찾는 게 아니라, 그 사이를 오가며 균형을 잡는 행위 속에서 탈출구가 보인다고 생각해요.

그걸 위해선 결국 성찰과 사유가 필요한 것 같아요. 자신의 삶에 대해 끝없이 생각하고, 스스로 물어보고, 공부하는 태도가 밑받침될 때 균형 잡기가 가능한 것 같습니다.

• 작가님이 보시기에 과거와 지금의 여행자에게 다른 점이 있나요?
– 글쎄요. 사람은 비슷한 것 같아요. 학생은 도전·개척 정신이 강한 것 같고, 직장인은 휴식·재충전을 바라고, 중년과 노년은 성찰 같은 것을 원해요. 물론 사람마다 다르겠지만요.

과거와 다른 점이 있다면 과거에는 정보 부족으로, 즉 가이드북·인터넷 등이 없어서 불안하고 헤매기도 하면서 그야말로 미지의 세계를 헤쳐 가는 즐거움이 있었는데, 요즘에는 너무 자세하고 많은 정보 때문에 여행 자체가 어떤 궤도가 된 것 같은 느낌이 들어요.

정보를 따라서 틀에 박힌 길을 가는 거지요. 이걸 좀 벗어나면 더 신나는 여행이 될 수 있다고 봐요. 물론 어느 정도 기본적 정보는 꼭 필요하지요. 도움도 많이 되고요. 그러나 정보를 정보로써 이용하는 지혜가 필요해요.

• 과거보다 더 많은 사람들이 사표를 내고 세계 일주나 장기 여행을 떠나고 있습니다. 오래 여행하신 분으로서 이런 사회적 흐름을 어떻게 보시나요?

— 네, 맞아요. 이렇게 힘든 상황임에도 불구하고 떠나는 걸 보면 이 사회가 심각하구나, 하는 생각을 해요. 우선 직장 생활이 너무 지겹다는 거겠지요. 하루하루가 힘들고 시간에 쫓기고, 스트레스 받고….

두 번째는 예전처럼 생존이 우선이고 경제가 성장할 때는 오늘보다는 내일이 낫겠다는 희망이 있었지만 요즘처럼 저성장·고령화 시대에 물가까지 오르고… 결코 오늘보다 내일이 낫다는 생각이 들지 않을 것 같아요. 평생 이렇게 살다 갈 것 같은, 병들 것 같은 우울함.

카르페 디엠(Carpe Diem)을 떠올리는 건 어쩜 당연한 것 같아요. 즉 미래보단 현재에 몰입하고 현재를 즐기고 싶은 생각. 물질적으로 좀 빈곤하고 불안해도 우선 현재를 행복하게 살고 싶다는 열망이 가득하다 보니 불안한 미래를 감수하고서라도 떠나는 것 같아요.

이런 현상은 한국만 그런 게 아니라 일본과 서양에서 이미 나타난 것으로 알아요. 너무 숨 막히고 우울하니까, 여행으로 숨통을 틔우겠다는 몸짓인데 저는 이게 좋다, 나쁘다를 떠나 오죽하면 그럴까, 하는 생각을 갖고 있어요. 도저히 견디지 못할 분들은 떠나야 합니다. 살기 위해서라도.

그러나 나중에 돌아와 새로운 라이프스타일에 대한 고민·구상·꿈을 갖고 떠났으면 좋겠어요. 돌아와서 다시 직장을 얻거나, 돈을 많이 벌겠다거나, 힘든 과거로 회귀하는 꿈이 아니라 여행을 마친 후 다른 라이프스타일·신념·가치관으로 살겠다는 꿈이 있어야 해요. 그래야 뿌리를 내릴 수 있을 것 같네요.

여행 자체를 즐기는 것에서 한 발 더 나아가 여행하면서 뿌리내리기를 꿈꾸고, 또 뿌리내리면서 다시 떠나는 꿈을 꾸는 게 좋을 것 같아요.

• 작가님만의 '여행의 기술'이 있다면요? 한정된 시간과 예산 속에서 값진 여행을 할 수 있는 방법이 있나요?

− 저는 요즘, 익숙한 시공간 속에서 낯선 이미지 보기를 즐깁니다. 제 식대로 현실을 다르게 보면서 저만의 여행을 하는 거죠. 그러기 위해선 천천히 여행하는 수밖에 없어요. 그래야 바쁠 때 안 보이는 것이 보입니다. 꼭 여행만 그런 게 아니라 일상에서도요. 천천히 미세한 것을 차분히 바라보고 음미할 때 다른 세상이 보입니다. 그게 저에게는 여행의 즐거움이 돼 다가옵니다.

• 작가님이 생각하는 여행이란 무엇이죠? 또 책을 통해 독자들에게 하고 싶은 이야기는 무엇이죠?

- (여행은) 잠시 일상, 궤도를 떠나는 것이라고 봐요. 그 떠남 속에서 자신, 생활, 더 넓은 세상, 눈에 보이지 않는 세계 등을 성찰하고 사유하는 것, 그게 저에게는 여행입니다. 그리고 그런 식으로 여행하다 보면 문득 삶 자체가 여행이란 생각이 들어요. 어디선가 왔다가 어디론가 가는 길에서 잠시 들른 여행지가 이 세상이고요. 제가 책을 통해 독자에게 하는 이야기는 대개 이런 겁니다. 여행지 얘기도 있지만 동시에 삶이라는 여행지에 대한 이야기지요.

• 여행 작가 수업도 하고 계신데, 여행과 글쓰기를 업으로 하고 싶은 사람들에게 조언이 있다면요?

- 환상은 금물. 여행기 써서 큰돈 벌고 명예 얻고… 그런 생각을 갖고 있다면 다시 한 번 생각해 보길 바랍니다.

그러나 그런 것 다 떠나서 너무 여행과 글쓰기가 하고 싶다면 해야 합니다. 돈벌이가 녹록치 않겠지만 궁하면 통한다는 믿음을 갖고, 그 과정에서 다가오는 번뇌, 고통, 궁색함을 다 받아들이면서… 그 가운데 느끼는 자유와 희열은 분명히 있습니다.

Epilogue

새로 찾은 여행

   과학의 발전은 필연적으로 종교의 쇠퇴로 이어진다. 머지않은 미래, 과학이 종교가 될 날이 올 거다. 벌써 이런 증후는 여러 곳에서 목격된다. 굳이 신을 향한 믿음을 빌려오지 않더라도 우리 삶은 유한하면서 무한하다. 또 무한한 것 같지만 유한하다.

   순간순간 젊은 세포가 늙은 세포를 대신하고 있고 그로써 우린 삶을 이어간다. 뇌는 매일 새로 들어오는 정보를 재정립해 관(觀)에 관을 덧붙이며 내일의 나를 탄생시킨다. 매일 아침 눈 뜨는 순간이 새로운 탄생인 셈이다. 우리의 관은 어제의 것이 아니고 바로 지금 것이다. 진정한 나란 존재하는가? 종교·사회·경험 등 지금 나를 있게 한 과거에 의해 현재 내가 존재할 뿐. 지금을 어떻게 사느냐에 따라 미래는 유동적이다. 확신할 수 있는 건 변하지 않는 건 없다는 것.

   나는 어디서 왔고, 어디로 가는 것일까? 답을 찾으려 하는 일은 부질없다. 우주의 시작은 작은 점이었다. 유한하기도 무한하기도 한 삶에 우리 역시 점이다. 그 점은 매일 새롭게 태어나며 머물러 있는 법이 없다.

점에서 태어나 다시 그 점으로 돌아가면 삶은 완성된다. 여행이 제자리로 돌아와야 완성되듯 우리 삶도 먼지 같은 작은 점으로 돌아가는 것으로 완결된다.

그래서 우린 우주다. 나는 다시 다른 너로, 다른 너는 또 다른 나로 살아 숨쉴 수 있는 이유다.

불안정해야 인간이다. 이는 인간만의 특권이며 벗어날 수 없는 굴레다. 완전을 갈망하는 건 열정을 낭비하는 부질없는 짓이다. 이 자리에 있는 내가 바로 나고, 지금 내가 그토록 찾아 헤맨 본질이다.

여행은 낯선 자리에서 나를 확장시키고, 나에게 집중할 수 있게 해준다. 그 안에서 무엇을 찾든 그건 본인의 선택과 결정이다.

하지만 답은 대부분 내 안에 있다. 단지 그걸 발견하지 못하고 외면하면서 답이 먼 곳에 있다고 착각한다. 여행은 낯설고 어색한 나를 볼 수 있게 하는 최고의 공간이자 시간이다. 희미한 나는 혼자일 때 가장 뚜렷해지며, 눈이 아닌 온몸으로 여행을 읽어 내야 찾을 수 있다. 그렇게 예전에 몰랐던 나를 목격하고, 또 다른 질문을 던질 수 있다.

난 다시 돌아왔다. 그리고 더 이상 나를 찾는 데 열정을 쏟지 않는다. 단지 지금 이 순간 그리고 여기 지금 있는 내게 열중하는 게 내가 할 수 있는 최선이다.

내 마음이, 내 마음을, 내 마음대로 하지 못하는 게 삶이다. 가슴이 이끄는 삶을 살면 많은 번뇌에서 벗어날 수 있고 새로운 관을 발견할 수 있다. 내겐 그것이 여행이었다.

여행은 내가 그토록 원하는 내일의 나를 만들 수 있는 가장 확실한 길이었고, 나를 찾는 방법 중 가장 순진하고 정직했다.

이 험난하고 부대낌 많은 일상에서 또다시 나를 잃어버린 채 배낭 메는 꿈을 꾼다.

결국 매일이 여행이고, 삶이다.

이제 난 일상을 여행한다.

그게 가장 나다운 삶이고, 나다.

"타인보다 우수하다고 해서 고귀한 것은 아니다. 과거의 자신보다 우수한 것이야말로 진정으로 고귀한 것이다."

– 어니스트 헤밍웨이

세계 일주를 마치며

일상에서 소박한 웃음이 됐으면

백수로 '놀멍 쉬멍' 책을 쓸 때와는 내 주변 환경이 많이 변해 있었다. 직장을 잡았고, 출퇴근에 3시간을 투자하는 고달픈 노예의 삶이 다시 시작됐다.

그러다 'EBS 세계테마기행' 출연으로 요르단을 다시 찾게 됐다. 몸은 페트라 앞에 있었지만 정신은 책에 가 있는 불편한 촬영을 무사히 마치고 다시 자판을 두드리기 시작했다.

출장이 잡히면 제주도·부산·거제도·통영·여수·완도·목포·변산·군산·외연도·덕적도·서산·태안·속초·강릉·영덕·포항 등 바닷가 민박집에서 노트북을 열었다. 그렇게 전국을 돌며 짬짬이 원고를 불려 나갔다.

지루한 싸움 속에서 내가 할 수 있는 건 약간의 투지를 내보는 정도였다. 그 사이 출판사와 약속한 날짜가 코앞으로 다가왔다. 퇴근을 미루고 회사에 남아 밤늦게까지 글을 썼고, 주말이면 인간관계에 금이 가는 소리를 들으면서도 집을 나서지 않았다. 책 한 권을 얻기 위해선 많은 걸 포기해야 했다. 탈고를 하고 보니 계절은 가을을 넘기고 겨울을 지나 봄에서 여름으로 이어졌다. 그렇게 탄생한 책이 '걷다 보니 남미였어'다.

지나와 생각해 보면 300여 일의 여행은 꿈결보다 더 부드럽고 잔잔했던 시간이었다. 발이 부르트고 발목이 돌아가던 험난한 여행길이었지만 내일의 충만한 기대와 설렘이 가득한 나날이었다. 흙을 밟고 바람 냄새를 맡으며 사람들과 마음을 나누는 여정이었다. 무거운 배낭이 어깨를 짓눌렀지만 마음은 말랑거리는 시공간을 활보했다. 여행은 어제라 아득했고, 오늘이라 기뻤다. 그리고 내일이라 초롱거렸다.

여행길에서 우연히 마주친 또렷한 산록은 삶에 이유와 가치를 더했다. 세계 일주는 인생을 더욱 풍성하고 빛나는 날로 만들었다. 여행은 무엇보다 유목(Nomade)의 삶을 알게 해주었고, 더불어 일상의 기쁨을 다시 맛보게 했다.

책을 통해 여행에서 느낀 이런 감정을 제대로 살려보고 싶었지만, 결과적으로 아직 갈 길이 멀다는 걸 또 한 번 절감했다.

'글발이 이 정도밖에 안 되느냐'고 욕하면 겸허히 받아들일 수밖에 없다. 내가 쓸 수 있는 최고를 썼으니. '여행이 이 정도밖에 안 되느냐'고 하면 어쩔 수 없다. 내가 한 여행이 그랬으니. 하지만 '최고'는 아니지만 '진심'을 썼고, 단 한 번뿐인 여행을 이야기했다.

부디 내 세계 일주가 노예의 삶 속에서 지나간 먼 미래를 살지 않고, 지금을 살며 행복해지는 데 작은 보탬이 됐으면 한다.

너와 나 그리고 우린 모두 주어진 삶을 가꾸어 나가는 여행자다. 길은 언제나 고되고, 지루하다. 그래도 우린 시간의 흐름 속에서 한발 한발 나에게로 가는 여정을 함께한다. 매일 나를 벗어던지는 외로운 일상에서 이 책이 소박한 웃음이 됐으면 한다. 또 하루살이 삶에서 내일의 꿈과 희망을 놓지 않는 예비 세계 일주자에게 용기를 줄 수 있으면 좋겠다.

아! 책을 쓰기 전엔 왜 저자들이 출판사에 감사하고, 편집자에게 마음을 전하는지 잘 이해가 되지 않았다. 그런데 나도 이 말을 하지 않으면 무척 서운할 것 같다.

내 세계 일주를 활자로 살아 숨 쉬게 해준 지식공간 김재현 대표님, 힘들 때마다 소주잔을 기울여준 지식공간 권병두 팀장님, 노심초사 아들과 오빠가 여행에서 돌아오기만을 기다리며 묵묵히 응원해준 가족에게 감사의 마음을 전한다. 마지막으로 여행 뒤 백수에게 생활비를 선뜻 쾌척한 친구 정훈이, 사진 공부에 목말라하던 내게 도움을 준 희정이 누나 등과도 출간의 기쁨을 함께하고 싶다.

2015. 9.

| 부록 |

#1 내 마음대로 최고 또는 최악

"어디가 제일 좋았어요?"

가장 대답하기 곤란한 질문이 바로 이 물음이었다. 이런 내가 최고와 최악을 선정했으니 머리가 깨질 것 같다. 암튼 시작은 했으니 끝은 봐야겠고, 지금까지 모든 여행을 통틀어 지극히 주관적 경험과 느낌으로 최고 내지는 최악을 선정했으니 참고만 하시길.

• 최고 음식 Best5

1. 아르헨티나 아사도
2. 중국 신장 카슈가르 노점 양꼬치
3. 프랑스 마르세유 어느 골목에서 맛본 화덕 피자
4. 태국 뿌빳뽕 커리
5. 중국 미시엔(쌀국수)

• 최악 음식 Best5

1. 중국 사천성의 향신료 듬뿍 들어가 있는
   이름 모를 음식들
2. 중국 벌레 요리
3. 에티오피아 전통음식 인제라
4. 페루 기니피그(guinea pig) 일명 꾸이(남
   들은 잘 먹음)
5. 영국 피쉬앤칩스

• 여행 중 가장 많이 먹은 음식 Best3

1. 닭고기
2. 햄버거와 샌드위치
3. 스파게티

• 가장 먹고 싶었던 음식 Best3

1. 활어회
2. 단무지
3. 삼겹살

• 가장 맛있게 마신 맥주 Best3

1. 꾸스께냐(페루)
2. 낄메스(아르헨티나)
3. 하이네켄(네덜란드)

• 좋았던 도시 Best3

1. 부에노스아이레스(아르헨티나)
2. 샌프란시스코(미국)
3. 시드니(호주)

• 최악의 도시 Best3

1. 나이로비(케냐)
2. 아디스아바바(에티오피아)
3. 카이로(이집트)

• 유적지 Best1

1. 페트라(요르단)

• 최악의 이동 루트 Best3

1. 리탕~캉딩(중국)
2. 샹그릴라~따오청(중국)
3. 우유니~라파즈(볼리비아)

• 기대 이상이었던 나라 Best3

1. 파키스탄
2. 헝가리
3. 태국

• 기대 이하였던 나라 Best3

1. 이집트
2. 영국
3. 미국

- 나를 가장 광분시킨 나라 Best3

  1. 이집트
  2. 케냐
  3. 에티오피아

- 물가가 가장 착했던 도시 Best3

  1. 훈자(파키스탄)
  2. 라파즈(볼리비아)
  3. 아디스아바바(에티오피아)

- 살인적 물가로 날 떨게 만든 도시
  Best3

  1. 두바이(아랍에미리트)
  2. 밴쿠버(캐나다)
  3. 샌프란시스코(미국)

- 지출을 가장 조심해야 할 여행지
  Best1

  1. 라스베이거스(미국)

- 최고 트레킹 코스 Best3

  1. 토레스 델 파이네(칠레)
  2. 안나푸르나(네팔)
  3. 설악산(한국)

- 내 마음대로 배낭여행
  세계 3대 블랙홀

  파키스탄 훈자, 아르헨티나 부에노스아이
  레스, 태국 카오산

- 만약 세계 일주 시즌 2를 한다면
  꼭 다시 가보고 싶은 나라 Best1

  1. 아르헨티나

- 만약 세계 일주 시즌 2를 한다면
  절대 다시 가고 싶지 않은 나라
  Best1

  1. 이집트

- 만약 세계 일주 시즌 2를 한다면
  꼭 해보고 싶은 액티비티 Best1

  1. 스카이다이빙

- 만약 세계 일주 시즌 2를 한다면
  꼭 가고 싶은 나라 Best10

  1. 레위니옹
  2. 아이슬란드
  3. 타히티
  4. 부탄
  5. 키르기스스탄
  6. 뉴질랜드
  7. 마다가스카르
  8. 이란
  9. 노르웨이
  10. 베네수엘라

- 〈종합〉 내 마음대로 최고 여행지
  Best10

  1. 토레스 델 파이네(칠레)
  2. 훈자(파키스탄)
  3. 안나푸르나(네팔)
  4. 인터라켄(스위스)
  5. 우유니(볼리비아)
  6. 이구아수 폭포(브라질, 아르헨티나)
  7. 와디무지브(요르단)
  8. 야딩(중국)
  9. 밴프(캐나다)
  10. 킬리만자로(탄자니아)

#2 토레스 델 파이네 어떻게 걸을까?

1. 2박 3일 vs 4박 5일

북한산 둘레길도 기초체력이 없으면 제대로 즐길 수 없는 법이다. 마지막 남은 힘까지 쥐어짜며 정상에 오른 사람은 산을 즐긴 게 아니다. 그건 '악'에 지나지 않는다. 그런 사람에게 하산 뒤 '뭐가 제일 기억에 남느냐'고 물으면 분명 욕이 튀어나올 거다.

'남미여행 왔으니 나도 한번 도전해 봐야지'란 안일한 생각으로 접근했다간 W 코스의 3개 미라도르를 다 포기하고 능선만 걷는 결과를 낳는다.

W 코스 완주는 80킬로미터(지도에 따라서 수치가 조금씩 다르다) 정도를 걸어야 하는 쉽지 않은 일정이다. 40킬로미터 행군을 2번 하는 셈이다. 내 경우 3개 꼭짓점을 하루에 하나씩 올라 3일 만에 완주했고, 나흘째 날은 뿌에르또 나탈레스로 돌아가는 시간으로 보냈다. 사실 이렇게 죽기 살기로 달린 이유는 남미 최고봉 아콩카구아 등정을 앞두고 체력을 끌어올리고 싶었기 때문이다.

이 일정은 산을 좀 빠르게 타는 사람 중 백패킹을 해야 맞출 수 있는 일정이다. 산행 경험이 별로 없거나 산장을 이용할 경우 3박 4일 일정으론 무리가 따른다. 산장 위치가 불행하게도 딱 떨어지지 않는다.

왜 많은 블로거가 이 코스를 3박 4일로 추천하는지 모르겠다. 이렇게 되면 마지막 미라도르를 포기할 공산이 큰데 말이다. 이 일정은 백패킹을 하지 않은 사람이 비용을 아끼려고 조금 무리하게 잡은 코스로 보인다. 한마디로 비추다.

푸콘과 토레스 델 파이네에서 만난 스페인 아주머니들은 4박 5일 일정으로 W 코스를 마쳤다. 그녀들은 첫날은 Hosteria Las Torres, 둘째 날은 Los Cuernos, 셋째 날은 Paine Grande, 넷째 날은 Refugio y Camping Grey에서 짐을 풀었다. 바로 이게 답이다. 이렇게 일정을 잡아야 W 코스를 무리 없이 완주할 수 있다.

나처럼 2박 3일로 걷기 일정을 끝내고 싶다면 두 번째 날이 매우 중요하다. 이날 이탈리아노 산장까지 가서 미라도르를 다녀와야 다음 날 빙하를 볼 수 있는 여유가 생긴다. 이탈리아노 캠프 도착시각이 늦으면 게임은 끝이다.

한 가지 팁이 더 있다면 첫날 산행에서 지도에 표시된 예상시간과 내 속도가 얼마나 차이 나는지 꼭 비교하길 바란다. 난 첫날 트레킹에서 조금 속도가 빨랐기 때문에 2박 3일에 완주가 가능할 걸로 판단했다.

2. 출발점, 오른쪽 VS 왼쪽

토레스 델 파이네 W 코스에 도전하게 되면 필연적으로 오른쪽과 왼쪽 출발을 놓고 고민하게 된다. 일부에선 왼쪽에서 출발해야 좀 수월하게 산을 탈 수 있다고 하는데 얼마나 편할지 모르겠다. 느낌상으론 능선의 오르내림이 그리

심하지 않기 때문에 코스 난이도에는 큰 편차가 없어 보인다. 3개 꼭짓점을 오르는 건 어느 방향이나 똑같다. 정작 중요한 건 조망 차이다. 좌우 어느 쪽에서 트레킹을 시작해야 뷰의 감흥이 더 큰지는 한 번 짚고 넘어갈 필요가 있다.

일단 걷는 건 똑같다는 전제로 토레스 삼봉~프란세스 계곡~빙하로 이어지는 트레킹 코스에, 마지막 날 페리를 타고 전체적으로 토레스 델 파이네를 조망하는 순이 좋을지(오른쪽 출발), 첫날 토레스 델 파이네를 배 위에서 전체적으로 한 번 본 뒤, 트레킹을 하는 게 더 감흥이 있는지 고민해 봤다.

일단 오른쪽에서 트레킹을 시작하면 첫날 토레스 삼봉을 보게 된다. 이날은 다른 조망은 볼 수 없다. 이 방향은 날이 갈수록 토레스 델 파이네의 속살이 양파껍질처럼 하나씩 드러나는 게 장점이다. 왼쪽에서 시작하면 전체적으로 산군을 감상한 뒤 '뜨악!' 하는 감정으로 트레킹을 시작하게 된다. 감흥을 극대화하고 싶다면 오른쪽에서 시작하는 게 좋을 것 같다.

코스선택에서 날씨도 중요한 변수다. 기본적으로 날씨가 좋다면 선호하는 방향에서 트레킹을 시작하면 되지만 날씨가 나쁘다면 출발지 경치는 포기해야 할지 모른다. 하지만 내 경험으론 토레스 삼봉과 페리 전경 가운데 뭘 버릴 카드로 써야 할지 참, 결정하기 난망하다. 이건 각자 취향대로 알아서 하시길. 하나도 버릴 게 없는 곳이 바로 토레스 델 파이네 아닌가.

또 출발 전 국립공원 입구에서 조언을 구해 바람을 등지는 코스를 선택하는 것도 괜찮은 방법이다. 파타고니아에서 바람을 안고 걷는 건 생각보다 에너지 소모가 크다.

이도 저도 싫으면 당일 투어라도 꼭 해보길 '강추'한다. 토레스 델 파이네를 소망하는 모든 트레커를 응원한다!

#3 아콩카구아 등정 준비 도움말

1. 코스와 일정

아콩카구아. 세계 일주 중 남미 최고봉이 어디인지 알고 있는 사람을 단 한 명도 만나지 못할 정도로 이곳은 무명 여행지다. 아콩카구아는 여행자의 관심 밖에 있었다. 그만큼 일반 여행지와 성격 자체가 달랐다.

어느 여행자가 남미 최고봉이란 소리를 듣고 호기롭게 베이스캠프까지 다녀올 요량으로 산에 발을 들여놓았다고 한다. 그런데 들머리에 들어서자마자 산이 내뿜는 기세에 질려 꽁무니를 빼고 말았다는 이야기를 전해 들었다. 사실이 그랬다. 건조하고 괴팍스러운 지형은 보통 산세와 차원이 다른 포스를 발산한다.

아콩카구아 등정은 낭가파르바트 루팔벽, 로체 남벽과 함께 세계 3대 거벽으로 꼽히는 남벽을 수직으로 오르는 코스와 특별한 기술 없이 체력과 고산 적응만으로 도전이 가능한 북면 노말 루트 등으로 나뉜다.

　내가 선택한 루트는 트레커들이 가장 많이 이용하는 북면 노말 루트. 이 루트는 고산 적응에 무리가 없고 날씨가 좋다는 가정 아래 10~11일 정도면 등정이 가능하다. 이 일정은 어디까지나 날씨가 받쳐주고 몸 상태가 좋았을 때 이야기다. 아콩카구아에서 이런 환상적 날씨가 연중 며칠이나 될까. 대부분 악명 높은 바람에 고전하며 산행 기간이 늘어나는 게 일반적이다. 특히 아콩카구아는 건조한 기후 탓에 다른 곳보다 고산 적응이 어렵단 평이 많다.

　등정 일정은 아래와 같다(날씨와 컨디션 모두가 최상일 경우. 'BC'는 베이스캠프).

- **1일차** 오르꼬네스(Horcones, 2,950m)~콘플루엔시아(Confluencia, 3,400m)
- **2일차** 콘플루엔시아~플라자 프란시아(Plaza Francia-남벽 BC, 4,300m) 왕복 고산 적응
- **3일차** 콘플루엔시아~플라자 데 뮬라스(Plaza de Mulas-북면 BC, 4,300m)
- **4일차** BC에서 고산 적응 겸 휴식
- **5일차** BC~C1(Plaza Canada, 4,900m) 고산 적응 겸 식량 운반, 1박
- **6일차** C1~BC 하산 휴식
- **7일차** BC~C1(1박)
- **8일차** C1~C2(Nido de Condores, 5,400m) 왕복, 고산 적응 겸 식량 운반
- **9일차** C1~C2(1박)
- **10일차** C2~C3(Ref. Berlin, 5,850m 또는 콜레라 캠프, 6,000m)
- **11일차(새벽)** C3~인디펜덴시아 대피소(Plaza Independencia, 6,400m)~정상(6,964m)~BC로 하산(체력적으로 힘들면 C2에서 1박 후 다음 날 BC로 하산)
- **12일차** BC~아콩카구아 관리사무소, 하산 완료.

※ 아콩카구아처럼 높은 산은 고산증 때문에 한 번에 고도를 올릴 수가 없다. 캠프를 오르락내리락 하는 건 고산 적응과 식량 운반을 위해서다.

반년 넘게 다른 짐을 줄여가며 75리터 배낭에 텐트, 동계용 침낭, 기름 버너, 코펠, 에어매트리스 등을 갖고 다닌 이유는 오직 아콩카구아에 도전하기로 마음먹었기 때문이다.

여행 출발 전 모든 장비 세팅을 이번 산행을 기준으로 했다. 자세한 준비 사항이 궁금한 분들은 '트레킹으로 지구 한 바퀴 – 중국, 중동, 아프리카 편'을 참고하시길.

2. 아콩카구아 등정을 준비하는 2가지 방법

1. 개인이 모든 걸 해결하는 방법

비용을 절약할 수 있지만, 신경 쓸 일이 많다. 여러모로 피곤을 감수해야 하는데 하나씩 하다 보면 그리 어렵지 않게 해낼 수 있다.

(1) 행정처리와 당나귀(뮬라) 대여

우선 멘도사 아콩카구아 주립공원 사무실(Sanmartin 1155, 멘도사 관광안내소 건물 3층)에서 등정에 필요한 20일짜리 퍼밋을 받아야 한다. 퍼밋 가격은 하이 시즌과 로우 시즌에 따라 다르며 내 경우 1,700페소(로우 시즌, 우리 돈 30만 원쯤)를 지불했다.

퍼밋을 받으려면 아콩카구아 홈페이지(aconcagua.mendoza.gov.ar)에 들어가 신상정보 입력 절차를 먼저 밟아야 한다. 과거엔 주립공원 사무실에서 서류를 작성하면 됐는데 지금은 홈페이지를 통해 신청이 이뤄진다.

또 당나귀를 빌려야지만 퍼밋 가격이 싸진다. 당나귀를 빌리면 베이스캠프 등에서 해당 회사 화장실을 무료로 이용할 수 있다. 현실적으로 10~20일치 식량을 당나귀 도움 없이 베이스캠프까지 옮긴다는 건 불가능하다. 아콩카구아 산행에서 당나귀의 도움은 절대적이다. 정리하면 이렇다.

① 우선 주립공원 사무실에서 당나귀 등을 빌릴 수 있는 여행사 위치 등의 정보를 먼저 얻는다. 그런 다음 여행사를 찾아가 관련 계약을 하면 홈페이지 신상정보 입력 등 입산 절차를 알기 쉽게 가르쳐 준다.

② 신상정보 입력과 대행사 계약이 끝났다면 해당 시즌에 맞는 퍼밋 금액을 챙겨들고 파고 파실(Pago Facil, 현지에서 세금 따위를 내는 곳)에 갖다 내

고 영수증을 들고 대행사로 돌아온다. 그럼 관련 서류에 대행사 직인을 찍
어 준다.

③ 그런 뒤 주립공원 사무실에서 퍼밋을 받으면 된다.

하나씩 하다 보면 어렵지 않다. 단, 여기저기 왔다갔다 몸이 피곤하다. 중간
에 시에스타에 걸리고 암튼 이걸 처리하는 데 하루가 다 갔다.

(2) 장비 대여

주립공원 사무실 한쪽에 무수히 많은 등산 장비점 홍보 찌라시가 트레커
를 기다리고 있다. 맘에 드는 곳을 찾아가 산행에 필요한 장비를 대여하면 된
다. 대여한 물품은 카고백, 다운 글로브, 이중화, 크램폰 등이었다. 대여료로
1,200페소를 썼다. 절대 싸지 않다. 또 동계용 양말 두 컬레와 화이트 가솔린
을 샀다.

(3) 부식 준비

멘도사 시내에 있는 대형마트에 가면 어지간한 음식은 다 구할 수 있다. 한식
은 한국에서 준비하든지 여행 중이라면 칠레 산티아고, 아르헨티나 부에노스
아이레스 등에서 구할 수 있다. 단, 현지 한국 식품 가격은 2배 정도 비싸다.

부에노스아이레스에서 준비할 계획이라면 백구촌을 추천한다. 만약 백구촌
에 찾는 물건이 없다면 부에노스아이레스 패션 1번지 아베샤네다(Avellaneda)
를 방문해 보자. 한인들이 운영하는 옷가게가 많은 곳으로 한인 식품점이나
식당 등이 밀집해 있다. 내가 누룽지를 찾은 곳도 바로 아베샤네다의 한 식품
점이었다. 또 이곳 식품점에선 유통기간이 지난 라면을 값싸게 살 수 있다.

(4) 버스 예매

아콩카구아 산행은 멘도사에서 푸엔테 델 잉카(Puente del Inca, 2,700m) 또는 로스 페니텐테스(Los Penitentes)로 이동한 뒤 하룻밤을 보내고 다음 날 시작하는 게 일반적이다. 사실 여기서부터 고산 적응이 시작된다.

푸엔테 델 잉카행 버스표는 멘도사 시내 아이마라(Aymara) 여행사 길 건너편에 가면 터미널까지 가지 않고 예매할 수 있는 사무실이 있다. 가격은 30페소 남짓.

푸엔테 델 잉카에서 산행 시작점까지 이동은 당나귀를 빌린 여행사에서 차량을 제공해 준다. 하산할 때도 이 차량을 이용할 수 있다.

참고로 트레킹 뒤 푸엔테 델 잉카로 하산하면 곧장 칠레로 넘어갈 수 있는 버스를 탈 수 있다. 그러나 숙소에 짐을 맡겼거나, 장비를 빌렸다면 어쩔 수 없이 멘도사로 돌아가야 하는 불편함이 있다. 이게 싫다면 모든 짐을 푸엔테 델 잉카 숙소에 맡기고 하산 뒤 곧바로 짐을 갖고 국경을 넘으면 된다.

2. 모든 걸 상업 등반대에 맡기는 방법

지갑이 두둑하다면 잉카 또는 아이마라 등의 여행사 등반 프로그램을 이용하면 어려운 절차 없이 손쉽게 트레킹을 시작할 수 있다. 가격은 18~20일 기준 3,500달러 정도. 400만 원 가까운 돈을 내면 전 일정 식사는 기본이고, 가이드, 텐트 등 모든 편의가 제공된다. 물론 개인 침낭 등의 장비는 따로 준비해야 한다. 돈이 있다면 이런 상업 등반 프로그램을 이용하는 것도 나쁘지 않다. 하나 알아둘 건 악천후와 개인 컨디션 저하로 인한 등정 실패에 따른 보상은 전혀 없다는 사실.

참고로 한국 여행사 상품(항공료, 상업등반대 프로그램 포함)은 900만 원대다. 직접 항공권을 예약하고 현지 여행사와 계약하면 좀 더 싸게 등정에 도전할 수 있다.

#4 남미여행, 이것만 알고 가자!

– 전예진 선생님의 필수 스페인어

전예진(Silvia Chun, 에스빠뇰 바시코 저자 – 두앤비컨텐츠) 선생님은 11세 때 아르헨티나로 이민, F.FELIX BERNASCONI, MARIANO MORENO N3, 세종대학교를 졸업하고 스페인 의류 브랜드 Trucco 등에서 근무했다. 이후 이우고등학교, 분당고등학교에서 학생들에게 스페인어를 가르쳤다. 현재는 삼성 엔지니어링, 효성, 한전, KOICA 국제 협력단, 중앙 공무원 교육원(COTI) 고위 정책 과정, 외교부 등에서 스페인어 강사와 통역으로 활동하고 있다.

| 가격 문의 |

• 얼마예요?	• ¿ Cuánto cuesta? 꾸안또 꾸에스따? • ¿ Cuánto es? 꾸안또 에스?
• 계산서 주세요.	• La cuenta, por favor. 라 꾸엔따 뽀르 화보르.
• 계산은 어디서 해요?	• ¿ Dónde se hace el pago? 돈데 세 아쎄 엘 바고?
• 계산할게요.	• Voy a pagar la cuenta. 보이 아 빠가르 라 꾸엔따.
• 같이 계산해 주세요.	• Yo pago la cuenta de todo. 죠 빠고 라 꾸엔따 데 또도.
• 따로 계산해 주세요.	• Nos cobra por separado, por favor. 노스 꼬브라 뽀르 쎄빠라도, 뽀르 화보르.
• 너무 비싸요.	• Es muy caro. 에스 무이 까로.
• 더 싼 거 없나요?	• ¿ No hay algo más barato? 노 아이 알고 마스 바라또?
• 더 싸게 해주세요.	• Más barato por favor. 마스 바라또 뽀르 화보르.
• 가격을 깎아주세요.	• Más descuento por favor. 마스 떼스꾸엔또 뽀르 화보르.

| 감사 |

• (매우) 고맙습니다.	• (Muchas) Gracias. (무차스) 그라시아스.
• 매우 감사합니다.	• Se lo agradezco mucho. 셀 로 아그라떼스꼬 무초.
• 정말 감사합니다.	• Muchísimas gracias. 무치시마스 그라시아스.
• 다시 한 번 감사드려요.	• Gracias de nuevo. 그라시아스 데 누에보.
• 칭찬해 주셔서 감사합니다.	• Gracias por aplaudirme. 그라시아스 뽀르 아쁠라우디르메.
• 뭐라 감사해야 할지 모르겠어요.	• No sé cómo agradecerle. 노 쎄 꼬모 아그라떼쎄를레.
• 도와주셔서 감사합니다.	• Gracias por ayudarme. 그라시아스 뽀르 아쥬다르메.
• 친절히 대해 주셔서 감사합니다.	• Gracias por ser tan amable. 그라시아스 뽀르 세르 딴 아마블레.
• 그렇게 말씀해 주시니 고맙습니다.	• Gracias, no hay de qué. 그라시아스, 노 아이 데 께.
• 당신의 격려가 큰 힘이 되었어요.	• Sus palabras de ánimo me han ayudado mucho. 수스 빨라브라스 데 아니모 메 안 아쥬자도 무쵸.
• 덕분에 걱정이 싹 사라졌어요.	• Han desaparecido todas mis preocupaciones. 안 데싸빠레씨도 또다스 미스 쁘레오꾸빠씨오네스.
• 여러 가지로 신세를 졌습니다.	• Le debo mucho. 레 데보 무쵸.
• 그동안 감사했습니다.	• Gracias por todo. 그라시아스 뽀르 또도.

| 칭찬 |

• 잘했어요!	• ¡ buen trabajo! 부엔 뜨라바호!
• 환상적이에요.	• Es maravilloso. 에스 마라비죠소.
• 멋지네요.	• Es estupendo. 에스 에스뚜뻰도.
• 아주 잘했어요.	• Muy bien hecho. 무이 비엔 에초.
• 당신이 자랑스러워요.	• Estoy muy orgulloso de usted. 에스또이 무이 오르구죠소 데 우스떼드.
• 정말 부러워요!	• ¡ Qué envidia! 께 엔비디아!
• 참 친절해요.	• Es usted muy amable. 에스 우스뗃 무이 아마블레.
• 당신은 정말 미녀시군요.	• Usted es una mujer muy guapa. 우스뗃 에스 우나 무헤르 무이 구아빠.
• 한국말 잘하시네요.	• Habla usted muy bien coreano. 아블라 우스뗃 무이 비엔 꼬레아노.

420

| 거절 |

• 사양하겠습니다.	• No gracias. 노 그라시아스.
• 없어요(가지고 있지 않아요).	• No tengo. 노 뗑고.
• 모르겠어요.	• No lo sé. 노 로 쎄.
• 그건 좀 어렵겠네요.	• Eso será un poco difícil. 에쏘 쎄라 운 뽀꼬 디휘씰.
• 미안해요. 지금 좀 바빠요.	• Lo siento, pero ahora estoy muy ocupado. 로 씨엔또, 뻬로 아오라 에스또이 무이 오꾸빠다.
• 오늘은 제가 너무 바빠서 할 수 없 어요.	• Hoy estoy demasiado ocupado, y no puedo hacerlo. 오이 에스또이 데마시아도 오꾸바도, 이 노 뿌에도 아쎄를로.

| 기원 |

• 모든 일이 잘되시길 빌어요.	• Espero que le vaya todo bien. 에스뻬로 께 레 바쟈 또도 비엔.
• 행복하시길 빌어요.	• Le deseo toda la felicidad. 레 데세오 또다 라 휄리씨닫.
• 좋은 성과가 있으시길 빌어요.	• Espero que obtenga buenos resultados. 에스뻬로 께 옵뗑가 부에노스 레술따도스.

| 부탁 / 요청할 때 |

• ( ) 부탁합니다.	• ( ) Por favor. ( ) 뽀르 화보르. - 물 : Agua(아구아) - 탄산수 : Agua con gas(아구아 꼰 가스) - 커피 : Café(까풰) - 블랙커피 : Café solo(까풰 솔로) - 오렌지 주스 : Jugo de naranja(후고 데 나랑하) - 사과 주스 : Jugo de manzana(후고 데 만사나)
• 좀 여쭤 볼게요.	• Le puedo preguntar algo. 레 뿌에도 쁘레군따르 알고.
• 저를 좀 도와주세요.	• Me puede ayudar, por favor. 메 뿌에데 아쥬다르 뽀르 화보르.
• 질문 있는데요.	• Tengo una pregunta. 뗑고 우나 쁘레군따.
• 시간 있으신가요?	• ¿ Tiene tiempo? 띠에네 띠엠뽀?

| 수락 |

• 기꺼이 도와드리죠.	• Es un placer ayudarle. 에스 운 쁠라쎄르 아쥬다를레.
• 알겠습니다.	• De acuerdo. 데 아꾸에르도.
• 할 수 있는 한 해볼게요.	• Haré todo lo que pueda. 아레 또도 로 께 뿌에다.
• 도움이 필요하면 언제든 부탁하세요.	• Dígame siempre que necesite ayuda. 디가메 시엠쁘레 께 네쎄씨떼 아쥬다.
• 도움이 필요하면 말씀해주세요.	• Si necesita ayuda, dígamelo. 씨 네쎄씨따 아쥬다 디가멜로.

| 숙박 / 예약 |

• 방값은 얼마예요?	• ¿ Cuánto es la tarifa de la habitación? 꾸안또 에스 라 따리화 데 라 아비따씨온?
• 빈방 있어요?	• ¿ Hay alguna habitación libre? 아이 알구나 아비따씨온 리브레?
• 오늘 밤에 잘 수 있는 방 있어요?	• ¿ Hay alguna habitación (disponible) para esta noche? 아이 알구나 아비따씨온 (디스뽀니블레) 빠라 에스따 노체?
• 방을 예약하고 싶어요.	• Quiero hacer una reserva de habitación. 끼에로 아쎄르 우나 레세르바 데 아비따씨온.
• 더 싼 가격은 없나요?	• ¿ No hay tarifas más baratas? 노 아이 따리화스 마스 바라따스?
• 하룻밤에 얼마예요?	• ¿ Cuánto cuesta una noche? 꾸안또 구애스따 우나 노체?
• 디럭스룸으로 예약하고 싶습니다.	• Quisiera hacer una reserva de una habitación delux. 끼씨에라 아쎄르 우나 레세르바 데 우나 아비따씨온 델룩스.
• 침대 두 개짜리 방으로 주세요.	• Déme una habitación con dos camas, por favor. 데메 우나 아비따씨온 꼰 도스 까마스, 뽀르 화보르.
• 조용한 방으로 주세요.	• Déme una habitación tranquila, por favor. 데메 우나 아비따씨온 뜨랑낄라. 뽀르 화보르.
• 옆방으로 주세요.	• Déme la habitación de al lado, por favor. 데메 라 아비따씨온 데 알 라도, 뽀르 화보르.
• 아침 식사를 포함한 가격이에요?	• ¿ Está incluído el desayuno en la tarifa? 에스따 인끌루이다 엘 데사쥬노 엔 라 따리화?
• 예약을 취소하겠습니다.	• Voy a cancelar la reserva. 보이 아 간쎌라르 라 레세르바.

| 위치를 모를 때 |

• ( )은 어디에 있어요?	• ¿ Dónde está ( )? 돈데 에스따 ( )? – 약국 : La farmácia(라 화르마씨아) – 은행 : El banco(엘 반꼬) – 병원 : El hospital(엘 오스삐딸) – 호텔 : El hotel(엘 오뗄) – 슈퍼 : El supermercado(엘 수뻬르메르까도)
• 여기서 가까운 곳에 화장실 있나요?	• ¿ Hay servicios cerca de aquí? 아이 쎄르비씨오스 쎄르까 데 아끼?
• 이 부근에 슈퍼마켓이 있나요?	• ¿ Hay algún supermercado cerca de aquí? 아이 알군 수뻬르메르까도 쎄르까 데 아끼?
• 약국은 어디에 있나요?	• ¿ Dónde esta la farmácia? 돈데 에스따 라 화르마씨아?
• 이 부근에 호텔이 있나요?	• ¿ Hay algún hotel cerca de aquí? 아이 알군 오뗄 쎄르까 데 아끼?

| 정보를 물을 때 |

• 이건 뭐예요?	• ¿ Qué es esto? 께 에스 에스또?
• 이것은 어떻게 사용해요?	• ¿ Cómo se utiliza esto? 꼬모 세 우띨리싸 에스또? • ¿ Cómo se usa? 꼬모 세 우사?
• 안내원에게 여쭤 보세요.	• Pregunte al guía. 쁘레군따 알 기아.
• 도움이 필요하면 언제든 부탁하세요.	• Aquí está libre. 아끼 에스따 리브레.

| 안내할 때 |

• 앉으세요.	• Siéntese, por favor. 쎄엔떼세 뽀르 화보르.
• 안으로 들어오세요.	• Pase adentro, por favor. 빠쎄 아덴뜨로 뽀르 화보르.
• 이리 오십시오.	• Venga por aquí, por favor. 벵가 뽀르 아끼 뽀르 화보르.
• 앞으로 나와요.	• Pase al frente, por favor. 빠쎄 알 프렌떼 뽀르 화보르.
• 잠깐만요.	• Un momento, por favor. 운 모멘떠 뽀르 화보르.
• 잠시만 기다리세요.	• Espere un momento. 에스뻬레 운 모멘또.

| 인사 |

• 안녕하세요. (아침)	• Buenos días. 부에노스 디아스.
• 안녕하세요. (점심)	• Buenas tardes. 부에나스 따르데스.
• 안녕하세요. (저녁)	• Buenas noches. 부에나스 노체스.
• 안녕히 주무세요. (밤)	• Buenas noches. 부에나스 노체스.
• 처음 뵙겠습니다. 저는 Silvia라고 해요.	• Es un placer de conocerle, soy Silvia. 에스 운 쁠라쎄르 데 꼬노쎄를레, 쏘이 실비아.
• 반갑습니다. 저는 Diego라고 해요.	• Encantado, yo soy Diego. 엔깐따도, 죠 소이 디에고.
• 성함을 여쭤 봐도 될까요?	• ¿ Puedo preguntarle su nombre? 뿌에도 쁘레군따를레 수 놈브레?
• 제 이름은 실비아입니다.	• Mi nombre es Silvia. (soy Silvia) 미 놈브레 에스 실비아. (소이 실비아)
• 만나 뵙고 싶었어요.	• Esperaba mucho para poder conocerle. 에스뻬라바 무초 빠라 뽀데르 꼬노쎄를레.
• 이름의 철자가 어떻게 되세요?	• ¿ Cómo se deletrea su nombre? 꼬모 세 델레뜨레아 수 놈브레?
• (당신을) 알게 돼서 기뻤습니다.	• Estoy muy contento de haberle conocido. 에스또이 무이 꼰뗀또 데 아베를레 꼬노씨도.

| 작별인사 |

• 잘 가요.	• Adíos. 아디오스 • Chau. 차우 • Chao. 차오
• 내일 만나요!	• ¡ Hasta mañana! 아스따 마냐나!
• 또 만나요!	• ¡ Hasta pronto! 아스따 쁘론또!
• 빠른 시일 안에 뵙죠.	• Ya nos vemos. 야 노스 베모스.
• 조심해서 가세요.	• Que le vaya bien. 께 레 바야(바쟈) 비엔.
• 또 뵙길 바랍니다.	• Espero poder verle otra vez. 에스뻬로 뽀데르 베를레 오뜨라 베스.
• 살펴 가세요.	• Cuídese. 꾸이데세.
• 먼저 들어갈게요.	• Me marcho. 메 마르초.
• 안녕, 내일 봐요.	• Chau, nos vemos mañana. 차우 노스 베모스 마냐냐.
• 이따가 봐요.	• Nos vemos luego. 노스 베모스 루에고.
• 모두 잘 있어요.	• Cuídense todos. 꾸이덴세 또도스.
• 잘 지내세요.	• Cúidese. 꾸이데세.
• 여행 잘하세요.	• Buen viaje. 부엔 비아헤.

| 연락 당부 |

• 이메일로 연락 주세요.	• Contácteme por el correo electróncio. 끈딱따메 뽀르 엘 꼬르레오 엘렉뜨로니꼬.
• 페이스북으로 연락 주세요.	• Contácteme por facebook. 끈딱따메 뽀르 훼이스북.
• 도착하는 대로 전화해 주세요.	• Llámeme en cuanto llegue. 쟈멤메 엔 꾸안또 졔게.
• 전화번호 좀 부탁드릴게요.	• Su número de móvil por favor. 수 누메로 데 모빌 뽀르 화보르.
• 이것이 제 핸드폰 번호입니다.	• Este es mi número de móvil. 에스떼 에스 미 누메로 데 모빌.

| 체크아웃 |

• 체크아웃은 몇 시예요?	• ¿ A qué hora es el check out? 아 께 오라 에스 엘 체크 아웃?
• 저녁까지 제 짐을 보관해 주실 수 있어요?	• ¿ Me puede guardar el equipaje hasta la noche, por favor? 메 뿌에데 구아르다르 엘 에끼빠헤 아스따 라 노체, 뽀르 화보르?
• 택시를 불러주세요.	• Un taxi, por favor. 운 딱시, 뽀르 화보르.
• 공항 가는 버스는 어디서 타요?	• ¿ Dónde se toma el autobús para ir al aeropuerto? 돈데 세 또마 엘 아우또부스 빠라 이르 알 아에로뿌에르또?
• 여기 사인하면 돼요?	• ¿ Tengo que firmar aquí? 뗑고 께 휘르마르 아끼?

• 여행자 수표도 받나요?	• ¿ Aceptan cheque de viajero? 아쎕딴 체께 데 비아헤로?
• 영수증 부탁합니다.	• Déme el recibo, por favor. 데네 엘 레씨보, 보르 화보르.
• 고맙습니다. 잘 지내다 갑니다.	• Gracias por todo. 그라시아스 뽀르 또도.
• 하루 일찍 나가고 싶어요.	• Quiero marcharme un día antes. 끼에로 마르차르메 운 디아 안떼스.
• 하룻밤 더 묵을 수 있어요?	• ¿ Podría quedarme un día más? 뽀드리아 께다르메 운 디아 마스?

| 항공편 예약 |

• 논스톱 편이 있나요?	• ¿ Hay vuelos directo? 아이 부엘로스 디렉또?
• 경유지를 한 번 거치는 좌석만 남았습니다.	• Sólo quedan asientos en vuelos con una escala. 쏠로 께단 아씨엔또스 엔 부엘로스 꼰 우나 에스깔라.
• 파리에서 한 시간 기다리셔야 합니다.	• Tiene que esperar una hora en Paris. 띠에네 께 에스뻬라르 우나 오라 엔 빠리스.
• 4월 5일자 파리행 항공편이 있어요?	• ¿ Hay vuelos a Paris para el día cinco de abril? 아이 부엘로스 아 빠리스 빠라 엘 씬꼬 데 아브릴?
• 귀국행은 오픈티켓으로 해 주세요.	• Para el vuelo de vuelta quiero el billete abierto, por favor. 빠라 엘 브엘로 데 부엘따 끼에로 엘 비쩨떼 아 비에르또 뽀르 화보르.

• 미리 기내식을 지정하고 싶습니다.	• Me gustaría elegir la comida a bordo de antemano. 메 구스따리아 엘레히르 라 꼬미다 아 보르도 데 안떼마노.
• 첫 비행기는 몇 시에 출발해요?	• ¿A qué hora sale el primer vuelo? 아 께 오라 살레 엘 쁘리메르 부엘로?
• 도착 시각은 언제예요?	• ¿Cuál es la hora de llegada? 꾸알 에스 라 오라 데 제가다?
• 대기자 명단에 올려주세요.	• Póngame en la lista de espera, por favor. 뽕가메 엔 라 리스따 데 에스뻬라, 뽀르 화보르.

| 요금 문의 |

• 더 싼 티켓이 있어요?	• ¿Hay algún billete más barato? 아이 알군 비제떼 마스 바라또?
• 어린이는 어떻게 계산해요?	• ¿Cuánto es el precio para niños? 꾸안또 에스 엘 쁘레씨오 빠라 니뇨스?
• 왕복 티켓은 얼마죠?	• ¿Cuánto es el billete de ida y vuelta? 꾸안또 에스 엘 비제떼 데 이다 이 부엘따?

| 예약 확인 |

• 예약이 확인되었습니다.	• Sí, está confirmada la reserva. 씨, 에스따 꼰휘르마다 라 레세르바.

| 예약 변경 |

• 다른 비행기로 변경하고 싶어요.	• Quisiera cambiarlo a otro vuelo. 끼시에라 깜비아를로 아 오뜨로 부엘로.
• 항공권을 바꾸고 싶어요. 자리가 있어요?	• Quisiera cambiarlo a otro vuelo. ¿ Hay sitio? 끼씨에라 깜비아를로 아 오뜨로 부엘로. 아이 씨띠오?
• 비행기를 취소해야겠어요.	• Quiero cancelar mi vuelo. 끼에로 깐쎌라르 미 부엘로.

| 항공권 발급 / 항공기 이용 |

• 좌석은 창문 쪽으로 하시겠어요, 통로 쪽으로 하시겠어요?	• ¿ Quiere ventana o pasillo? 끼에레 벤따나 오 빠씨죠?
• 창 쪽 자리로 부탁해요.	• Ventana, por favor. 벤따나, 뽀르 화보르.
• 비상구 쪽으로 해 주세요.	• Cerca de la salida de emergencia, por favor. 쎄르까 데 라 살리다 데 에메르헨씨아 뽀르 화보르.
• 덜 붐비는 쪽으로 해 주세요.	• Dónde haya menos gente, por favor. 돈데 바쟈 메노스 헨떼 뽀르 화보르.
• 코리아 에어라인 항공사 카운터는 어디에 있어요?	• ¿ Dónde está el mostrador de la aerolínea Korea Airlines? 돈데 에스따 엘 모스뜨라도르 데 라 아에롤리네아 꼬레아 에어라인스?
• 여기 제 예약 정보예요.	• Aquí tiene mis datos de reserva. 아끼 띠에네 미스 다또스 데 레세르바.
• 마일리지를 적립해 주세요.	• Me acumula los puntos por favor. 메 아꾸물라 로스 뿐도스 뽀르 화보르.
• 탑승 게이트는 어디에 있어요?	• ¿ Dónde está la puerta de embarque? 돈데 에스따 라 뿌에르따 데 엠바르께?

• 탑승은 언제부터 하나요?	• ¿ Cuándo es el embarque? 꾸안도 에스 엘 엠바르께?
• 출발이 얼마나 지연될까요?	• ¿ Cuánto será el retraso de la salida? 꾸안또 세라 엘 레뜨라소 데 라 살리다?

| 좌석 찾기 |

• 지나가겠습니다.	• Perdón, puedo pasar. 뻬르돈, 뿌에도 빠사르.
• 실례합니다. 여기는 제 자리예요.	• Disculpe, creo que éste es mi asiento. 디스꿀뻬 끄레오 께 에스떼 에스 미 아시엔또.
• 누가 제 자리에 앉아 있어요.	• Hay alguien sentado en mi asiento. 아이 알기엔 쎈따도 엔 미 아씨엔또.
• 자리를 바꿔도 돼요?	• ¿ Puedo cambiar de asiento? 뿌에도 깜비아르 데 아씨엔또?
• 다른 빈자리가 있나요?	• ¿ Hay otro asiento libre? 아이 오뜨로 아씨엔또 리브레?
• 창가 쪽 자리로 바꿀 수 있을까요?	• ¿ Puedo cambiar a un asiento de la ventana? 뿌에데 깜비아르 아 운 아시엔또 데 라 벤따나?
• 복도 쪽 자리로 바꿔주세요.	• Por favor, cámbieme a un asiento del pasillo. 뽀르 화보르, 깜비에메 아 운 아씨엔또 델 빠시죠.
• 붙어 있는 빈 좌석이 있어요?	• ¿ Hay asientos pegados libres? 아이 아씨엔또스 뻬가도스 리브레스?
• 일행과 함께 앉고 싶어요.	• Me gustaría sentar juntos. 메 구스따리아 쎈따르 훈또스.

걷다 보니 남미였어

초판 1쇄 발행 2015년 10월 1일
초판 2쇄 발행 2016년 1월 18일

지은이 김동우
펴낸이 김재현
펴낸곳 지식공간

출판등록 2009년 10월 14일 제300-2009-126호
주소 서울 은평구 역촌동 28-76 5층
전화 02-734-0981
팩스 02-333-0081
홈페이지 www.jsgg.co.kr

일러스트 이중석(탈가이) blog.naver.com/talguy.do
편집 권병두
마케팅 박찬규
디자인 엔드디자인 02-338-3055

ISBN 978-89-97142-35-4 (13980)

이 도서의 국립중앙도서관 출판시도서목록(CIP)은 e-CIP홈페이지(http://www.nl.go.kr/ecip)와
국가자료공동목록시스템(http://www.nl.go.kr/kolisnet)에서 이용하실 수 있습니다.
(CIP제어번호: CIP2015025040)

* 잘못된 책은 구입하신 곳에서 바꾸어드립니다.
* 책값은 뒤표지에 있습니다.